列效果

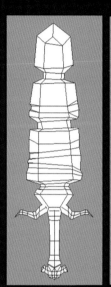

道具

洞穴

哨塔

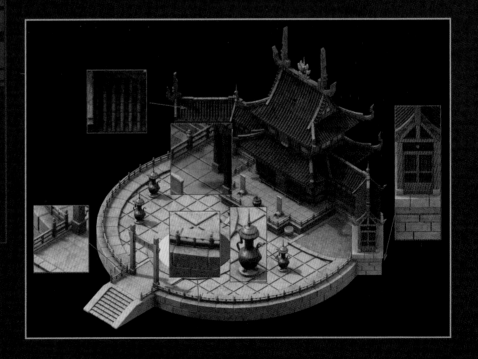

建筑

实例效果

近景树

中景树

实例效果

洞穴

室内场景

动漫游戏系列教材

3ds max+Photoshop
游戏场景设计

张　凡　编著

设计软件教师协会　　审

机 械 工 业 出 版 社

本书共7章，第1章介绍了游戏的类型，分析了游戏行业的现状和就业前景，讲解了游戏场景的概念和制作流程等；第2章以制作方法较简单的游戏道具为例，全面系统地讲解了制作游戏场景中道具的基础知识和制作过程；第3章详细讲解了网页游戏中植物的制作方法；第4章详细讲解了3D网页游戏中室外场景哨塔的制作方法；第5章详细讲解了2D网页游戏中室外场景太极殿的制作方法；第6章从一个具体的3D游戏室内场景项目入手，详细讲解了网络游戏中室内场景墓穴的制作方法；第7章从一个具体的3D网络游戏室内场景项目入手，详细讲解了网络游戏中洞穴的制作方法。为了帮助初学游戏场景制作的读者，本书通过网盘（获取方式见封底）提供大量的高清晰度教学视频文件，以及所有实例的素材和源文件，供读者学习时参考。

本书可作为大中专院校游戏设计专业、艺术设计类专业和相关专业培训班学员的教材，也可作为游戏美术工作者的参考书。

本书配有授课电子课件，需要的教师可登录 www.cmpedu.com 免费注册，审核通过后下载，或联系编辑索取（微信：15910938545，电话：010-88379739）。

图书在版编目（CIP）数据

3ds max+Photoshop 游戏场景设计 / 张凡编著. —北京：机械工业出版社，2021.10（2025.1 重印）
动漫游戏系列教材
ISBN 978-7-111-69504-2

Ⅰ.①3… Ⅱ.①张… Ⅲ.①三维动画软件—教材 ②图像处理软件—教材 Ⅳ.① TP391.414

中国版本图书馆 CIP 数据核字（2021）第 225908 号

机械工业出版社（北京市百万庄大街 22 号 邮政编码 100037）
策划编辑：郝建伟　　责任编辑：郝建伟　胡　静
责任校对：张艳霞　　责任印制：常天培

北京机工印刷厂有限公司印刷

2025 年 1 月第 1 版·第 2 次印刷
184mm×260mm · 14.5 印张 · 2 插页 · 359 千字
标准书号：ISBN 978-7-111-69504-2
定价：99.00 元

电话服务　　　　　　　　　　　　网络服务
客服电话：010-88361066　　　　机 工 官 网：www.cmpbook.com
　　　　　010-88379833　　　　机 工 官 博：weibo.com/cmp1952
　　　　　010-68326294　　　　金 书 网：www.golden-book.com
封底无防伪标均为盗版　　　　机工教育服务网：www.cmpedu.com

前　言

游戏作为一种现代娱乐形式，在世界范围内拥有巨大的市场空间和受众群体。近年来，国内的游戏公司迅速崛起，大量的国外一流游戏公司也纷纷进驻我国。面对飞速发展的游戏市场，我国游戏开发人才储备却严重不足，人才缺口巨大。

本书定位明确，专门针对游戏中的场景制作定制了相关的实例。所有实例均按照专业要求制作，讲解详细、效果精良，适合作为游戏场景制作课程的教材。与编者之前出版的有关教材相比，本书添加了"第 3 章 游戏场景中的植物"和"第 4 章 游戏室外场景制作 1——哨塔"两章，实用性更强，知识点更全面。

为了便于读者学习，本书通过网盘（获取方式见封底）提供大量的高清晰度教学视频文件，以及所有实例的素材和源文件，供读者练习时参考。

本书是"设计软件教师协会"推出的系列教材之一。内容丰富、结构清晰、实例典型、讲解详细、富于启发性。书中全部实例均是由多所院校（中央美术学院、北京师范大学、清华大学、北京电影学院、中国传媒大学、天津美术学院、天津师范大学、首都师范大学、山东理工大学、河北艺术职业学院）具有丰富教学经验的教师和一线优秀设计人员从长期教学和实际工作中总结出来的。

本书可作为大中专院校游戏设计专业、艺术设计类专业和相关专业培训班学员的教材，也可作为游戏美术工作者的参考书。

由于作者水平有限，书中难免有疏漏或不妥之处，敬请广大读者批评指正。

编　者

3ds max + Photoshop

目　　录

3ds max + Photoshop

3ds max + Photoshop

第1章 认识游戏场景

本章介绍游戏的类型，分析游戏行业的现状和就业前景，并讲解游戏场景的概念和制作流程等。

1.1 游戏的类型

何谓"游戏"？《辞海》中的解释为："体育的重要手段之一，文化娱乐的一种……游戏一般都有规则，对发展智力和体力有一定作用。"这个定义虽然不是很准确，但至少可以从中得出两条结论：一是游戏的目的在于娱乐；二是社会学家对于"游戏"的作用给予了充分的肯定。

《辞海》的定义中将传统游戏分为"智力游戏（如下棋、积木、填字）""活动性游戏（如捉迷藏、搬运接力）"和"竞技性游戏（如足球、乒乓球）"3种。而目前对流行游戏有多种分类方法，有按照游戏的内容来划分的，也有按照游戏的平台来划分的，还有按照游戏的结构来划分的，但是目前最流行的分类方法应该是按照游戏的内容来划分。

按照游戏内容，可以将计算机游戏分为以下几种类型。

1. 动作类游戏

动作类游戏（Action Game，ACT）是最传统的计算机游戏类型之一，电视游戏初期的产品多数集中在这种类型上。

这类游戏是由玩家控制人物，根据周围环境的变化，利用键盘或者手柄、鼠标的按键，做出一定的动作，达到游戏要求的相应目标。动作游戏讲究的是打击的爽快感和流畅感。

图1-1 《魂斗罗》中的游戏画面

代表作品：《魂斗罗》、KONAMI 的《合金装备》(METAL GEAR SOLID) 系列和育碧的《分裂细胞》(SPLIT CELL) 系列。图1-1所示为《魂斗罗》中的游戏画面。

2. 冒险类游戏

冒险类游戏（Adventure Game，AVG）一般会提供一个固定情节或故事背景下的场景给玩家，同时要求玩家必须随着故事的发展安排进行解谜，再利用解谜和冒险来进行后面的游戏，最终完成游戏设计的任务和目的。早期的冒险类游戏主要是根据各种推理小说、悬疑小说及惊险小说改编而来，通过文字的叙述以及图片的展示来进行，玩家的主要任务是体验其故事情节。但是随着各类游戏之间的融合和渗透，冒险类游戏也逐渐与其他类型的游戏相结合，产生了融合动作游戏要素的动作类冒险游戏，即动作 + 冒险类游戏（Action Adventure Game，AAVG）。

AVG 的代表作品：CAPCOM 的《生化危机》(BIOHAZARD) 系列、《鬼泣》(DEVIL MAY CRY) 系列和《鬼武者》系列，AAVG 的代表作为育碧的《波斯王子》系列。图1-2所示为《波斯王子3》中的游戏画面。

3. 格斗类游戏

格斗类游戏（Fight Game，FTG）曾经盛极一时，它是对动作类游戏的搏击部分的进一步升华。

代表作品：CAPCOM 的《街头霸王》系列和 SNK 的《拳皇》系列。图 1-3 所示为《拳皇》中的游戏画面。

图 1-2　《波斯王子3》中的游戏画面　　　　　　图 1-3　《拳皇》中的游戏画面

4. 第一人称视角射击游戏

第一人称视角射击游戏（First Person Shooting，FPS），顾名思义，就是以玩家的主观视角来进行射击的游戏。玩家不再像别的游戏一样操纵屏幕中的虚拟人物来进行游戏，而是身临其境地体验游戏带来的视觉冲击，这就大大增强了游戏的主动性和真实感。

代表作品：《半条命之反恐精英——CS》。图 1-4 所示为《半条命之反恐精英——CS》中的游戏画面。

5. 角色扮演类游戏

角色扮演类游戏（Role Playing Game，RPG）给玩家提供了一个游戏中的世界，在这个神奇的世界中包含了各种各样的人物、房屋、物品、地图和迷宫。玩家所扮演的游戏人物需要在这个世界中通过跟其他人物的交流、购买自己需要的物品、探险以及解谜来揭示一系列故事的起因，最终形成一个完整的故事。RPG 游戏架构了一个或虚幻、或现实的世界，让玩家在里面尽情地冒险、游玩、成长，感受游戏制作者想传达给玩家的观念。

代表作品：SQUARE 公司的《最终幻想》。图 1-5 所示为《最终幻想》中的游戏画面。

图 1-4　《半条命之反恐精英——CS》中的游戏画面　　　　图 1-5　《最终幻想》中的游戏画面

6. 即时战略类游戏

即时战略类游戏（Realtime Strategy Game，RTS）中的玩家需要和对手同时开始游戏，利用相对平等的资源，通过控制自己的单位或部队，运用巧妙的战术组合来进行对抗，以达到击败对手的目的。这类游戏要求玩家具备快速的反应能力和熟练的控制能力。

代表作品：BLIZZARD 公司的《魔兽争霸》系列。图 1-6 所示为《魔兽争霸》中的游戏画面。

图 1-6　《魔兽争霸》中的游戏画面

7. 策略类游戏

策略类游戏（Simulation Game，SLG）提供给玩家一个可以多动脑筋思考问题，处理较复杂事情的环境，允许玩家自由控制、管理和使用游戏中的人或事物，通过这种自由的手段以及玩家开动脑筋想出的对抗敌人的办法，达到游戏所要求的目标。

在策略类游戏的发展中形成了一种游戏方法比较固定的模拟类游戏，这类游戏主要是通过模拟人们生活的世界，让玩家在虚拟的环境里经营或建立一些像医院、商店类的场景，要充分利用自己的智慧去努力实现游戏中建设和经营这些场景的要求。

代表作品：《三国志》系列。图 1-7 所示为《三国志》中的游戏画面。

8. 体育运动类游戏

体育运动类游戏（Sport Game，SPG）就是现实中各种运动竞技的模拟，玩家通过控制或管理游戏中的运动员或队伍来模拟现实的体育比赛。

代表作品：KONAMI 的《实况足球》系列、EA 的 FIFA 系列，比较流行的有《跑跑卡丁车》。图 1-8 所示为《跑跑卡丁车》中的游戏画面。

图 1-7　《三国志》中的游戏画面

图 1-8　《跑跑卡丁车》中的游戏画面

9. 大型多人在线角色扮演类游戏

大型多人在线角色扮演类游戏（More Man Online Role Playing Game，MMORPG）最大的优势在于它的"互动性"。在同一个虚拟世界里朋友们可以互相聊天，在进行游戏的时候有其他的玩家可以帮助你，大家一起战斗，所要面对的也不只是计算机中的对手，而是真实存在的其他玩家。

代表作品：NC SOFT 公司的《天堂2》和 BLIZZARD 公司的《魔兽世界》。图 1-9 所示为《天堂2》中的游戏画面，图 1-10 所示为《魔兽世界》中的游戏画面。

图 1-9 《天堂2》中的游戏画面　　　　　图 1-10 《魔兽世界》中的游戏画面

10. 音乐游戏

音乐游戏是培养玩家音乐敏感性，增强音乐感知的游戏。伴随美妙的音乐，玩家可以一边欣赏音乐，一边尽情享受游戏的乐趣。

代表作品：O2Media 公司的《劲乐团》。图 1-11 所示为《劲乐团》中的游戏画面。

11. 其他类型游戏

其他类型游戏（Etc. Game，ETC）是指玩家互动内容较少或作品类型不明了，无法归入上述几种类型的游戏，如《俄罗斯方块》。图 1-12 所示为《俄罗斯方块》中的游戏画面。

在游戏内容如此快速发展的今天，主流游戏之间的渗透和融合也日益增多，这里所谓的分类只是相对意义上的划分，目的主要是方便大家更便捷地搜索游戏和更好地了解游戏，以便为后面的游戏场景制作奠定坚实的理论基础。

图 1-11 《劲乐团》中的游戏画面　　　　　图 1-12 《俄罗斯方块》中的游戏画面

1.2　行业分析及就业前景

游戏作为一种现代娱乐形式，在世界范围内拥有越来越多的受众群体。目前，国外家用计算机中有 75% 用来娱乐，欧美计算机游戏市场的年消费额高达数十亿美元。中国内地的游戏市场容量也非常可观，游戏市场已达上千亿元。

　　我国曾经是一个游戏软件的净输入国，国内玩家津津乐道的往往是国外产品。这除了受盗版游戏软件的影响外，大部分国产游戏品质上的差强人意也是一个重要原因。但是目前国产游戏业所面临的严峻环境已经全面解冻，一批国内优秀的游戏公司已经崛起，并推出多款受到国内玩家喜爱的游戏，如完美时空公司出品的《完美世界》游戏和金山公司出品的《梦幻西游》游戏。图 1-13 所示为《完美世界》中的游戏画面，图 1-14 所示为《梦幻西游》中的游戏画面。

| 图 1-13　《完美世界》中的游戏画面 | 图 1-14　《梦幻西游》中的游戏画面 |

　　面对飞速发展的游戏市场，在国产原创游戏即将成为游戏主流的同时，我国游戏开发人才储备却严重不足，在未来 3 ～ 5 年，我国游戏专业人才缺口将会更大。

1.3　游戏引擎简述

　　游戏的引擎就像一个发动机，它支撑着游戏的光影、渲染、声音、物理模拟等效果。如果拿生物体来比喻，可以说引擎是骨骼，而游戏的其他部分就是皮肉。如果不知道骨骼是怎么回事，是不可能给它加上合适的皮肉的。因此，要进入这个行业并成为一名优秀的游戏美工，首先需要对游戏的引擎有必要的了解。

　　当今，最为著名的几款 3D 游戏引擎是"Doom/Quake 引擎""Unreal 引擎"和"Source 引擎"等。

1.3.1　Doom/Quake 引擎

　　这两个系列的引擎都是 ID Software 公司的产品。这家公司是 3D 游戏引擎的开创者，Doom 是第一款被用于商业授权的引擎产品。Doom 和 Quake 适合 FPS 类游戏，使用 ID Software 公司的引擎支持的游戏有著名的《半条命之反恐精英——CS》。

1.3.2　Unreal 引擎

　　Unreal 引擎是 Epic Games 公司的产品。这个引擎的最大特点就是华丽的视觉效果。它优异的 3D 图形处理能力以及真实的物理模拟反应是业界的传奇。在当今的游戏市场中，游戏的视觉效果显得格外重要。同时，Unreal 支持 PC、XBOX、PS 三大平台，所以市场占有率很高。

使用这款引擎的经典游戏也很多，如《天堂 2》《分裂细胞》等。而 Epic Games 公司公布的"Unreal Engine 3"，则提供了更强大逼真的绘图效果，该引擎将充分运用 XBOX360 或者 PS3 等次时代游戏主机所具备的功能，达成超越既有游戏的高精细 3D 图形处理效果。它能呈现大量的高多边形细致场景与角色模型，能支持凹凸贴图、折射、反射、透射和散射等进阶的动态光影效果，如图 1-15 所示。可以说，Epic Games 公司为游戏美术工作人员带来了前所未有的惊喜与挑战。

图 1-15　Unreal Engine 3 的视觉效果

1.3.3　Source 引擎

Source 引擎是 Valve 公司生产的引擎，Valve 公司开发了知名游戏《半条命之反恐精英——CS》，在开发这款游戏时他们运用了 ID Software 公司的 Quake 引擎。但是在开发完《半条命之反恐精英——CS》之后，Valve 公司自己也开发了引擎，就是现在的 Source 引擎。

除了这 3 种著名的大型引擎之外，还有 RenderWare、Jupiter 等，在这里不再详细介绍。每款游戏都可能使用不同的引擎，只要挑选的引擎适合此种游戏就好。作为游戏的美术工作人员，一定要与其他部门有良好的沟通，充分利用各种引擎的优势，才能开发出优秀的游戏来。

1.4　游戏场景的概念及任务

游戏场景是指游戏中除游戏角色之外的一切物体。游戏中的主体是游戏角色，因为它们是玩家主要操控的对象。游戏场景是围绕在角色周围、与角色有关系的所有景物，即角色所处的生活场所、社会环境、自然环境以及历史环境。

游戏场景在游戏中的任务包括交代时空关系、营造情绪氛围和场景刻画角色。

1.4.1　交代时空关系

时空关系分为物质空间和社会空间。

物质空间是角色生存和活动的空间，是游戏情节和故事发生发展过程中赖以展开的空间环境，由于与情节结构和叙事内容紧密联系，在影视中也称为叙事空间。它应该体现时代特征，体现历史时代风貌、民族文化特点、任务生存氛围，交代故事发生、发展的时间和地点等。

社会空间是物质空间中的许多局部造型因素构成情绪氛围的效果，通过玩家的联想，主动构造出另一个完整的空间环境形象和一个始终能够激发玩家兴趣的抽象思维空间，将玩家的神经兴奋点集中在特定的历史阶段。例如，在《魔兽世界》的游戏片头中就先通过地图交代了几个大陆和几个种族之间的关系，提示了故事发生的社会空间，从而营造出了一个虚幻的世界，用强烈的神秘感吸引玩家进入游戏世界，如图1-16所示。

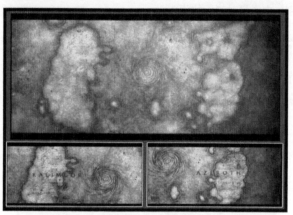

图1-16 《魔兽世界》中交代的时空关系

1.4.2 营造情绪氛围

根据游戏策划方案的要求，往往需要游戏场景营造出某种特定的气氛效果和情绪基调，场景的设计要从游戏的基调出发，为气氛效果服务。例如，在XBOX 360游戏大作《金刚》中，画面效果可以和电影相媲美，游戏场景中的废墟、兽骨、月光和烟雾恰如其分地营造出了阴森恐怖的气氛，如图1-17所示。

1.4.3 场景刻画角色

游戏场景要刻画角色。为创造生动的、真实的、性格鲜明的、典型的角色服务，刻画角色就是刻画角色的性格特点，反映角色的精神面貌，展现角色的心理活动。角色与场景的关系是不可分割的相互依存的关系。优秀的游戏场景应该为塑造角色特点提供客观条件，对角色的身份、生活习惯、职业特征等进行塑造。例如，在《魔兽世界》中阴暗的墓地场景对亡灵战士的塑造就很成功，如图1-18所示。

综上所述，场景在游戏中的用途十分广泛，有着举足轻重的作用。在实际的工作中，游戏公司中的场景组也往往是整个公司的美术第一大组，这个组的工作直接决定着整个游戏的画面质量。

图 1-17 《金刚》中场景对气氛的营造

图 1-18 《魔兽世界》中的亡灵战士

1.5 游戏制作流程

一款优秀的游戏需要很多人的分工合作来完成，为了合理分配人力资源，保障整个游戏开发工作的顺畅，必须有正确的工作流程和规范。典型的游戏制作流程如图 1-19 所示。

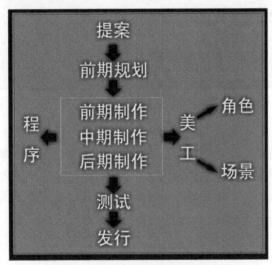
图 1-19 典型的游戏制作流程

1.提案

在提案过程中，企划与编剧要先准备好游戏的策划方案，如详细的年代背景、社会类型或游戏的主题等。

2.前期规划

程序员和美工提供技术上可行性的建议，美工要制定画面风格和工作量安排，剧本则要大致制定出游戏的剧情走向。最后，依据大家的讨论或规划好的草稿，整理成正式资料，并制定出制作的指标。

3. 前期制作

在对前期规划的指标和资料充分理解后，正式进入程序开发和美术设定工作。此时的游戏二维美工要完成详细的设定图并整理成清晰明了的资料，可用图表的形式来表现。

4. 中期制作

中期制作是三维美工参与最多的游戏制作流程，也是本书讲述的主要内容。在这个流程中，三维美工主要分为场景制作和角色制作两个组，此时要完成大量的模型制作和贴图绘制工作。程序员这时要调试好引擎并积极配合美工，完善游戏中的各种美术效果。在这个阶段，音乐和音效工作人员也要介入，开始完成游戏中的声音要素。

5. 后期制作

在经过前面 4 个流程后，游戏就进入了后期制作阶段。在这个阶段，场景组和角色组的美工要抓紧时间按进度完成工作。同时，市场推广人员需要准备大量的宣传资料并提供给媒体来提高游戏先期宣传力度。此外，一部分美工还要根据游戏内容来制作相关的宣传资料。由于在后期制作阶段，游戏的雏形已基本完成，因此可以开始征集玩家的反馈意见了。

6. 测试

在这个阶段，游戏会交给专业的测试人员进行游戏流程的整体测试，美工和程序制作小组则负责根据游戏测试中发现的错误或漏洞来随时进行修正。

7. 发行

测试完成之后，游戏开始进入市场，游戏发行人员开始准备游戏发行后对玩家的各种服务和宣传工作。

1.6　课后练习

（1）简述按照游戏内容分类，可以将计算机游戏分为哪几类，并列举每类的代表游戏。

（2）简述游戏场景的概念及任务。

（3）简述游戏的制作流程。

第 2 章 游戏中的道具制作——双手剑

  "道具"一词来源于戏剧，主要指舞台上为了配合表演而准备的一些辅助工具。目前，"道具"这个词在游戏业也得到了广泛的应用，通常把除了角色和场景之外的一些辅助物品统称为道具。

  道具根据其使用方式的不同大致可以分为消耗类、装备类和情节类。消耗类道具的特点是使用后会消失，例如，用于恢复生命值（Health Point，HP）和魔法值（Magic Point，MP）的药品、用于回城（回到某个区域）和到达某个地点的卷轴以及用于攻击敌人的投掷类物品等；装备类道具是指可以直接在游戏中使用的盔甲、佩剑、短刀和战锤等，也包括战斗用的宠物，如图 2-1 所示；情节类道具就是在情节发展过程中必不可少的道具，例如，钥匙、腰牌、徽章和信件等。

3ds max + Photoshop

图 2-1 《天堂 2》游戏中的武器道具

  道具的制作相对于游戏中的其他部分来说要简单一些，但是道具制作的成功与否直接影响着游戏的整体质量。下面将通过一个实例来讲解游戏道具——"双手剑"的制作方法，其设计要求如下。

《双手剑》——描述文档

  名称：双手剑。

  材质：主体材质为铜、铁金属，整体呈现暗金、镔铁金属颜色，剑身厚重，附有装饰性结构，缠绕着坚韧的条状扣带，剑柄分成护手和手柄两个部分。

要求：严格按照原画进行三维模型和贴图的制作。在制作三维模型时，要在保证外形符合原画要求的基础上尽可能精简布线；在制作贴图时，要注意金属质感的表现，尽可能地贴近原画。

"双手剑"的原画如图 2-2 所示，完成的三维模型和贴图最终效果如图 2-3 所示。

图 2-2　双手剑原画

图 2-3　三维模型和贴图最终效果

2.1　制作剑模型

在建模之前首先要对原画进行简单的分析。通过图 2-2 所示的原画可以清楚地看到"双手剑"是由两个正反形状一致的浮雕和稍微凸起的剑状平面组成的。双手剑模型的具体制作思路是通过在 3ds max 中创建平面来适配原画作为参照，然后使用另一个平面多边形来创建剑的模型，接着为其添加"壳"修改器挤出厚度，最后制作出剑的完整模型。

2.1.1　将原画作为参考

将原画作为参考包括适配原画图片和冻结原画所在的模型等步骤。适配原画主要是为了有足够明确的参考以便于绘制样条线，从而准确地创建模型。

1）进行单位设置。方法：进入 3ds max 2016 操作界面，然后选择菜单中的"自定义|单位设置"命令，在弹出的 "单位设置"对话框中单击"公制"单选按钮，再从下拉列表框中选择"米"选项，如图 2-4 所示。然后单击"系统单位设置"按钮，在弹出的图 2-5 所示的对话框中将系统单位比例值设为"1 单位 =1.0 米"，单击"确定"按钮，从而完成系统单位设置。

2）打开 3ds max 2016 软件，单击 ✻（创建）面板下 ◯（几何体）中的"平面"按钮，如图 2-6 中 A 所示。然后在前视图中按下鼠标左键并拖拉，从而创建一个平面。接着进入

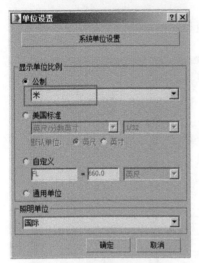（修改）面板修改参数，如图 2-6 中 B 所示。再右击工具栏中的 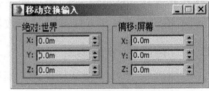（选择并移动）按钮，在弹出的"移动变换输入"对话框中，将 X、Y、Z 的数值设为"0"，如图 2-7 所示。

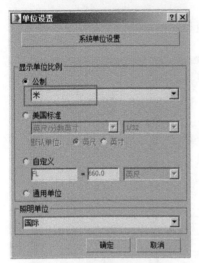

图 2-4 "单位设置"对话框

图 2-5 设置系统单位

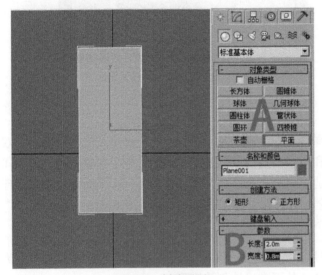

图 2-6 创建平面

图 2-7 把平面的位置归零

3）单击工具栏中的 ⬚（材质编辑器）按钮，打开"材质编辑器"面板。然后选择一个默认材质球，如图 2-8 中 A 所示，再单击 ⬚（将材质指定给选定对象）按钮，如图 2-8 中 B 所示，从而给平面指定一个默认材质。接着单击"漫反射"右侧的方框，如图 2-8 中 C 所示。再在弹出的菜单中选择"位图"选项，如图 2-9 所示，单击"确定"按钮。最后在弹出的"选择位图图像文件"对话框中选择网盘中的"MAX 文件\第 2 章\原画\双手剑 .jpg"文件，如图 2-10 所示，单击"打开"按钮，从而将"双手剑 .jpg"作为贴图指定给材质球。

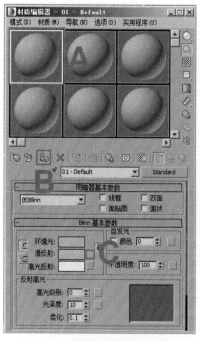

图 2-8 "材质编辑器"面板

图 2-9 选择"位图"选项

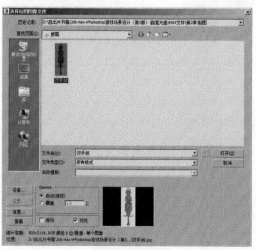

图 2-10 "选择位图图像文件"对话框

4）冻结赋予了原画贴图的模型。方法：单击"材质编辑器"工具栏中的 （在视口中显示标准贴图）按钮，从而在视图中显示贴图效果，如图 2-11 所示。然后进入 （显示）面板，展开"显示属性"卷展栏，再取消选中"以灰色显示冻结对象"复选框，如图 2-12 中 A 所示。接着展开"冻结"卷展栏，单击"冻结选定对象"按钮，如图 2-12 中 B 所示。即可看到已经"冻结"并且能够正常显示贴图的平面模型，如图 2-12 中 C 所示。

提示1：如果选中"以灰色显示冻结对象"复选框，将会使冻结对象变为深灰色，从而看不到参考图像，而这里需要冻结对象后显示参考图像，因此应取消选中"以灰色显示冻结对象"复选框。

提示2：单击"冻结选定对象"按钮是为了避免在以后的操作中误选。

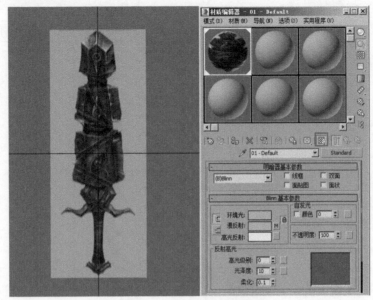

图 2-11　视图中显示贴图

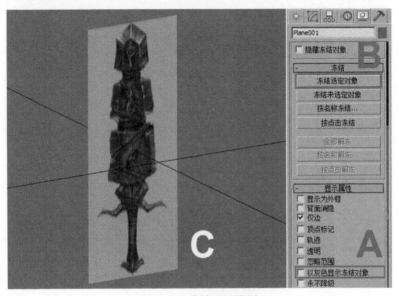

图 2-12　冻结平面模型

2.1.2　制作剑身模型

有了原画做参考之后，下面根据原画创建剑身的模型。

1）单击 面板下 ![icon]（几何体）中的"平面"按钮，然后在前视图中按下鼠标左键并拖拉，再修改"参数"卷展栏下平面的"长度"和"宽度"大小，从而创建一个平面，如图 2-13 所示。接着单击 ![icon]（材质编辑器）按钮，打开"材质编辑器"面板，再选择一个默认材质球，单击 ![icon]（将材质指定给选定对象）按钮，从而将默认材质指定给平面模型，

如图 2-14 所示。最后右击视图中新创建的平面模型，在弹出的快捷菜单中选择"转换为 | 转换为可编辑多边形"命令，如图 2-15 所示，从而将平面转换为可编辑的多边形。

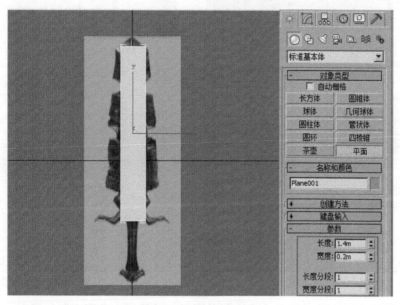

图 2-13　创建新平面

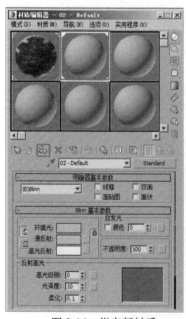

图 2-14　指定新材质

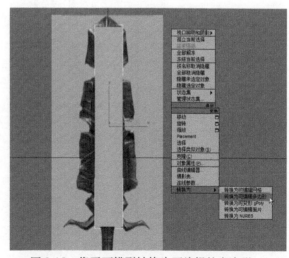

图 2-15　将平面模型转换为可编辑的多边形

2）进入 （边）层级，框选纵向的平行边，如图 2-16 中 A 所示，然后在弹出的右键快捷菜单中单击"连接"命令前方的 ■ 按钮，如图 2-16 中 B 所示。接着在弹出的"连接边"对话框中设置参数，如图 2-17 中 A 所示，再单击 ☑ 按钮，从而在平面上添加 8 条横向边，如图 2-17 中 B 所示。

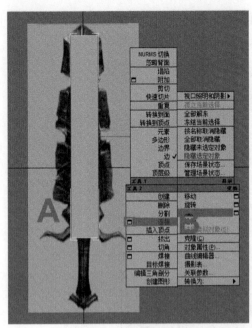

图 2-16 选择纵向边

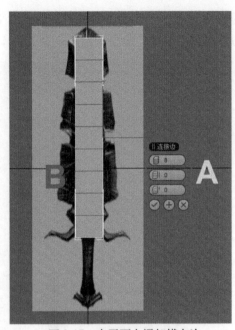
图 2-17 在平面上添加横向边

3）为了能够清晰地看到模型后面的参考原画，以便作为参照来制作模型，按〈Alt+X〉快捷键，使平面模型半透明显示，如图 2-18 所示。

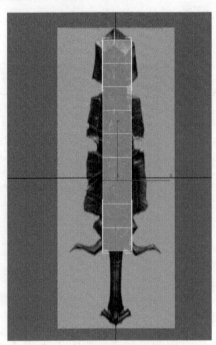
图 2-18 半透明显示平面模型

4）进入 ⊡（顶点）层级，参考原画中的剑身造型，使用 ✛（选择并移动）工具调整平面的顶点，然后选择平面顶部的两个顶点，再执行右键菜单中的"塌陷"命令，如图 2-19

中 A 所示，将顶点合并，效果如图 2-19 中 B 所示。接着使用 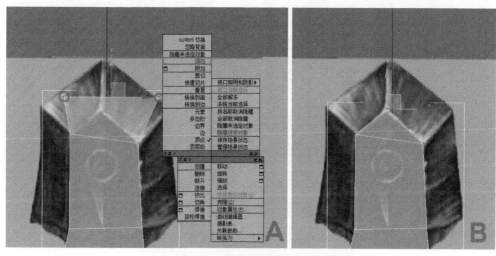（选择并移动）工具调整剑身顶点的位置，调整出剑身的基本造型，效果如图 2-20 所示。

图 2-19　塌陷平面顶部的顶点

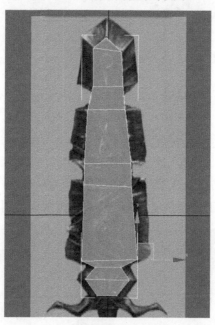

图 2-20　调整出剑身的基本造型

5）至此剑身基本模型的细节还不够丰富，很难做到完全匹配原画。下面需要进一步添加模型的细节。方法：进入（边）层级，框选纵向的平行边，如图 2-21 中 A 所示，然后单击右键菜单中"连接"命令前方的 按钮，在弹出的"连接边"对话框中设置好参数，如图 2-21 中 B 所示，再单击 按钮，从而在平面上添加两条横向边。最后进入（顶点）层级，使用 （选择并移动）工具调整顶点的位置，从而制作出第 1 节剑身的细节造型，效果如图 2-22 所示。

图 2-21　在剑身模型上添加边

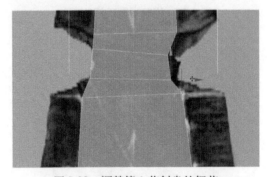

图 2-22　调整第 1 节剑身的细节

6) 同理，分别在第 2 节、第 3 节剑身上添加边，如图 2-23 所示。再进入 ⬚（顶点）层级，使用 ✛（选择并移动）工具调整顶点的位置，从而制作出剑身的细节，如图 2-24 所示。

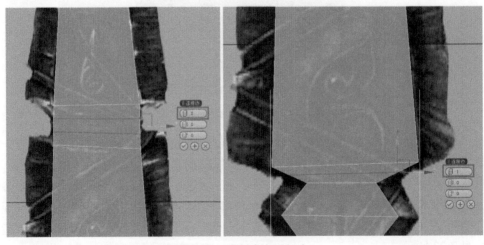

图 2-23　在剑身上添加边

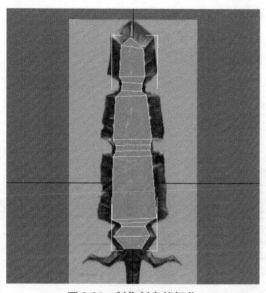

图2-24　制作剑身的细节

7）选择剑身平面模型，然后在 (修改) 面板的修改器列表中选择"壳"命令，如图 2-25 中 A 所示，接着调整"参数"卷展栏下的参数值，如图 2-25 中 B 所示，从而挤出剑身 的厚度，效果如图 2-25 中 C 所示。最后右击视图中剑身模型，从弹出的快捷菜单中选择"转 换为 | 转换为可编辑多边形"命令，将添加了"壳"修改器的挤出效果的剑身模型转换为可 编辑多边形。

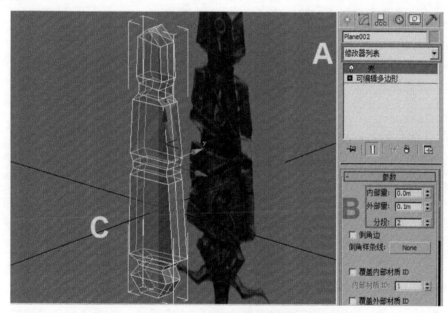

图2-25　添加"壳"修改器

8）制作剑刃。方法：进入 (边) 层级，选择剑身侧面的一圈中线边，如图 2-26 中 A 所示，然后进入前视图，再使用 (选择并均匀缩放) 工具分别沿着 X、Y 轴缩放选中的边， 如图 2-26 中 B 和 C 所示。接着进入 (顶点) 层级，参照原画，使用 (选择并移动) 工具调整顶点的位置，效果如图 2-27 所示。

9）选择剑身凹陷部分的顶点，如图 2-28 中 A 所示，然后进入左视图，再使用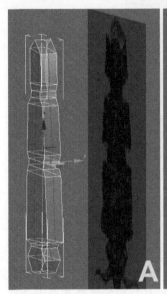（选择并均匀缩放）工具沿着 X 轴进行缩放，效果如图 2-28 中 B 所示。

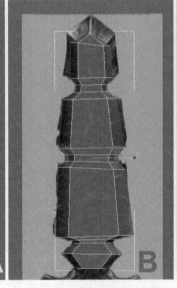
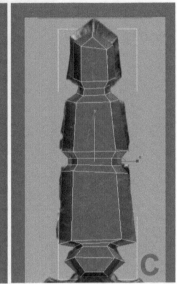

图 2-26　缩放选择的一圈边

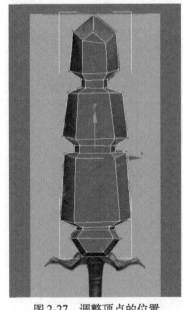

图 2-27　调整顶点的位置

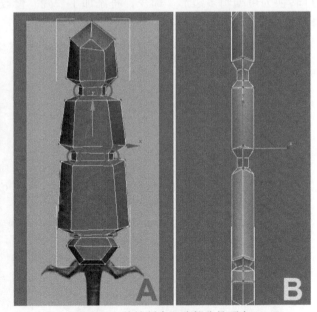

图 2-28　缩放剑身凹陷部分的顶点

10）进入（边）层级，执行右键菜单中的"连接"命令，在第 3 段剑身添加几条边，如图 2-29 中 A 所示。然后进入（顶点）层级，参照原画，使用（选择并移动）工具调整顶点的位置，效果如图 2-29 中 B 所示。接着在第 3 段再增加剑刃部分的细节，效果如图 2-30 所示。最后进入（边）层级，框选剑刃部分的边，如图 2-31 中 A 所示，再执行右键菜单中的"塌陷"命令，如图 2-31 中 B 所示，效果如图 2-31 中 C 所示。

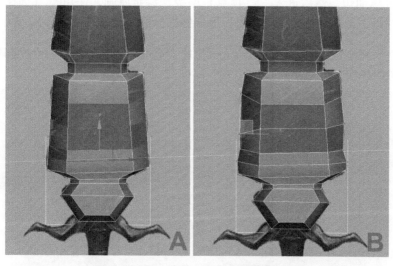

图 2-29 在第 3 段剑身添加边

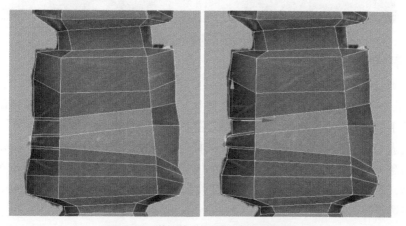

图 2-30 增加第 3 段剑刃部分的细节

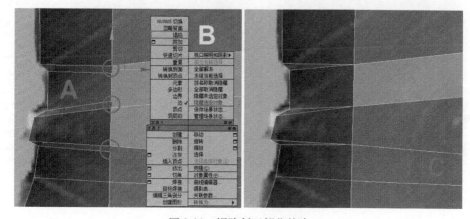

图 2-31 塌陷剑刃部分的边

11）同理，进入 （边）层级，执行右键菜单中的"连接"命令，在第2段和第4段的剑身部分添加边，然后进入 （顶点）层级，参照原画，使用 （选择并移动）工具调整顶点的位置，从而制作出剑身和剑刃部分的细节造型，效果如图2-32所示。

提示：双手剑剑身的具体制作方法详见网盘中的"视频教程\第2章 游戏中的道具制作——双手剑\jian001.avi"视频文件。

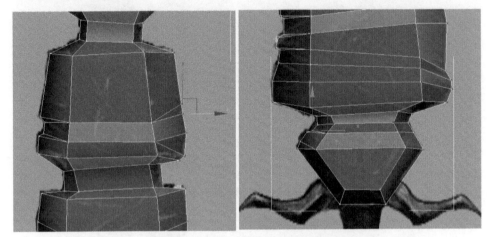

图2-32 制作剑身其余部分的细节造型

2.1.3 制作护手模型

完成剑身模型的制作后，接下来开始创建剑的护手模型，步骤如下：

1）单击 （创建）面板下 （几何体）中的"平面"按钮，在前视图中创建一个平面作为护手的基础模型，然后修改"参数"卷展栏下平面的"长度"和"宽度"大小，如图2-33所示。接着打开"材质编辑器"面板，选择与剑身相同的材质球，再单击 （将材质指定给选定对象）按钮，将材质球指定给平面模型，如图2-34所示。最后右击视图中新创建的平面模型，从弹出的快捷菜单中选择"转换为|转换为可编辑多边形"命令，将平面转换为可编辑多边形。

图2-33 创建护手的平面

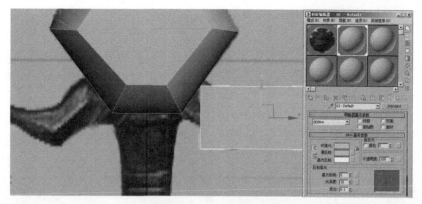

图2-34 为护手指定材质

2）进入 ⬧（边）层级，框选平面横向的平行边，然后单击右键菜单中"连接"命令前方的■按钮，接着在弹出的"连接边"对话框中设置好参数，如图2-35所示，单击☑按钮，从而在平面上添加5条边，如图2-36所示。

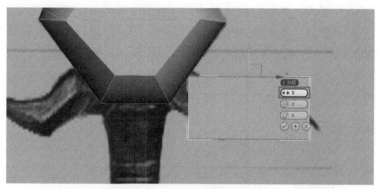

图2-35 执行"连接"命令

图2-36 在平面上添加5条边

3）进入 ⬛（顶点）层级，然后参照原画，使用 ✥（选择并移动）工具调整护手模型的顶点位置，效果如图2-37所示。

4）调整护手的细节。方法：进入 ⬧（边）层级，然后执行右键菜单中的"连接"命令，添加边，如图2-38中A所示。接着进入 ⬛（顶点）层级，使用 ✥（选择并移动）工具调整顶点的位置，如图2-38中B所示。

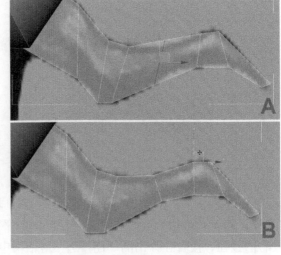

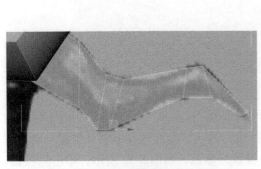

图 2-37　调整护手模型的顶点位置　　　　　　图 2-38　调整护手的细节

5）进入 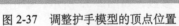（边）层级，执行右键菜单中的"连接"命令，在护手处添加一条中线边，如图 2-39 所示。然后进入 ▥（顶点）层级，选择护手末端的顶点，如图 2-40 中 A 所示，再执行右键菜单中的"塌陷"命令合并选中的顶点，如图 2-40 中 B 所示。

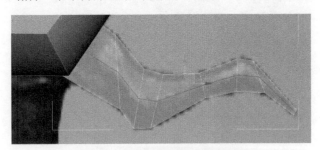

图 2-39　在护手处添加一条中线边

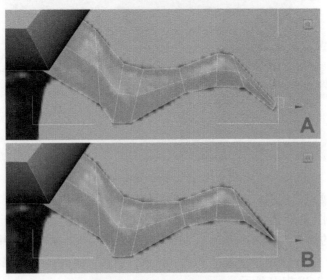

图 2-40　合并护手末端的顶点

6）选择剑身平面模型，然后在 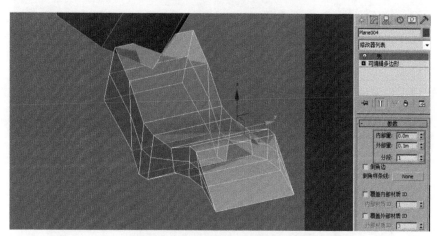（修改）面板的修改器列表中选择"壳"命令，接着调整"参数"卷展栏下的参数值，挤出剑身的厚度，效果如图 2-41 所示。最后右击视图中的剑身模型，从弹出的快捷菜单中选择"转换为|转换为可编辑多边形"命令，如图 2-42 所示，从而将添加了"壳"修改器的护手模型转换为可编辑多边形。

图 2-41 为护手添加"壳"修改器

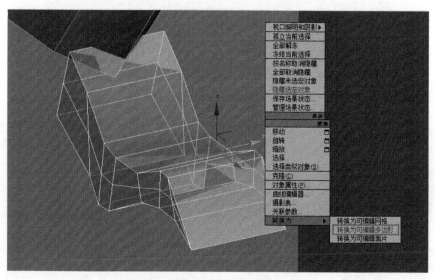

图 2-42 将护手转换为可编辑多边形

7）按〈Alt+X〉快捷键，取消模型的半透明显示。然后使用 （选择并均匀缩放）工具在透视图中沿 Y 轴调整厚度，如图 2-43 中 A 所示。接着使用 （选择并移动）工具调整位置，使之与剑身中心对齐，如图 2-43 中 B 所示。

8）进入 （边）层级，然后选择护手模型侧面的一圈平行边（注意护手顶端的中线边不要选择在内），如图 2-44 所示。接着执行右键菜单中的"塌陷"命令，如图 2-45 中 A 所示，效果如图 2-45 中 B 所示。

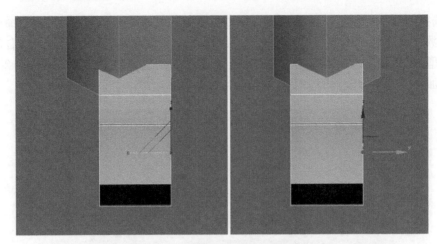

图 2-43   调整护手的厚度和位置

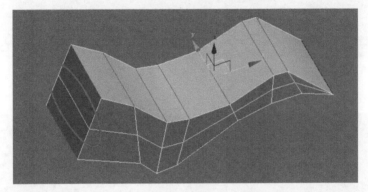

图 2-44   选择护手侧面的一圈平行边

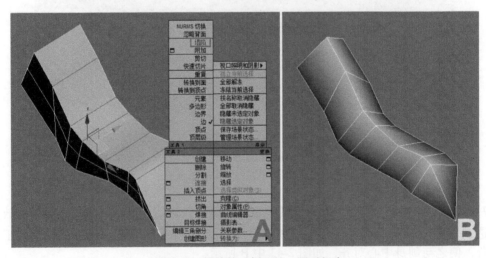

图 2-45   塌陷护手侧面的一圈平行边

9）进入 （顶点）层级，然后使用 （选择并均匀缩放）工具在顶视图中沿 Y 轴调整护手末端的厚度，使护手产生由粗到细的流线型变化，效果如图 2-46 所示。

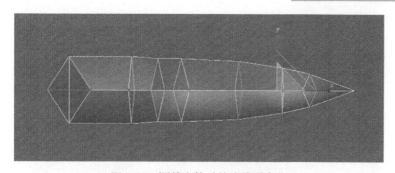

图 2-46 调整出护手的流线型变化

提示：双手剑护手的具体制作方法详见网盘中的"视频教程 \ 第 2 章 游戏场景中的道具制作——双手剑 \ jian002.avi"视频文件。

2.1.4 制作剑柄模型

完成护手模型的制作后，接下来开始创建剑的剑柄模型，具体操作步骤如下。

1）单击 ※ （创建）面板下 ○ （几何体）中的"平面"按钮，在前视图中创建一个平面作为剑柄的基础模型。然后修改"参数"卷展栏下平面的"长度"和"宽度"大小，如图 2-47 所示。打开"材质编辑器"面板，并选择与剑身相同的材质球，单击 ⬚ （将材质指定给选定对象）按钮将材质球指定给平面模型，如图 2-48 所示。最后右击视图中新创建的平面模型，从弹出的快捷菜单中选择"转换为|转换为可编辑多边形"命令，将平面转换为可编辑多边形。

2）进入 ◁ （边）层级，框选横向的平行边，然后单击右键菜单中"连接"命令前方的 ⬚ 按钮，接着在弹出的"连接边"对话框中设置好参数，如图 2-49 中 A 所示，单击 ✅ 按钮，从而在平面上添加 6 条边，如图 2-49 中 B 所示。

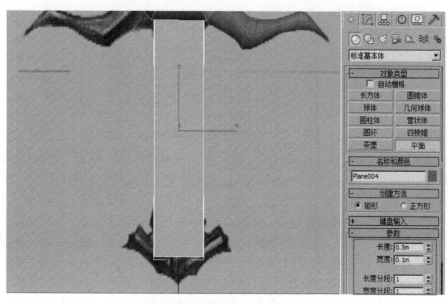

图 2-47 创建剑柄的平面

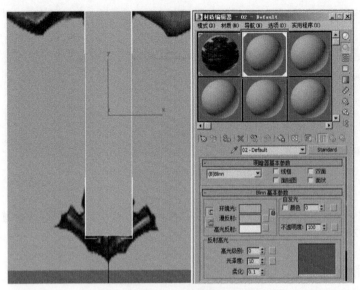

图 2-48　为剑柄指定材质

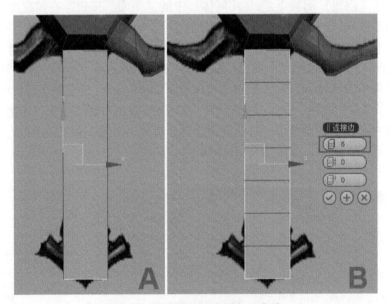

图 2-49　在剑柄平面上添加 6 条边

3）进入 （顶点）层级，参照原画，使用 ⊕（选择并移动）和 ⊞（选择并均匀缩放）工具调整剑柄的顶点位置，效果如图 2-50 所示。对于细节不足的地方，可以进入 ⬦（边）层级，执行右键菜单中的"连接"命令添加边，如图 2-51 中 A 所示，然后进入 ⬦（顶点）层级，使用 ⊕（选择并移动）工具调整细节，如图 2-51 中 B 所示。

4）进入 ⬦（边）层级，选择剑柄最下方的边，在按住〈Shift〉键的同时，使用 ⊕（选择并移动）工具垂直向下拖动，从而复制出一段多边形，如图 2-52 中 A 所示。同理，再次复制出一段多边形，如图 2-52 中 B 所示。接着选择剑柄横向的全部平行边，如图 2-53 中 A 所示，再执行右键菜单中的"连接"命令，为剑柄添加一圈中线边，如图 2-53 中 B 所示。

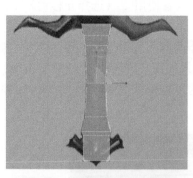

图 2-50　调整剑柄的顶点位置

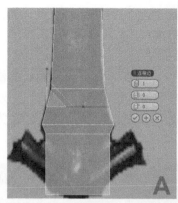

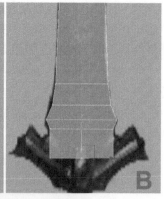

图 2-51　在剑柄添加边并调整细节

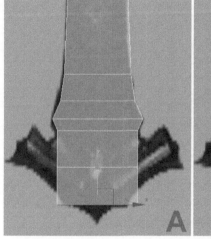

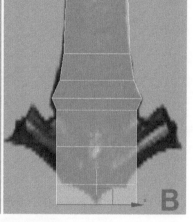

图 2-52　复制出多边形

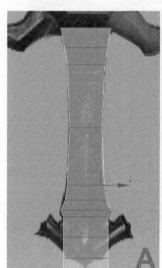

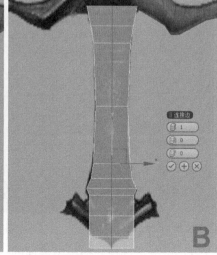

图 2-53　为剑柄添加一圈中线边

3ds max + Photoshop

5）进入 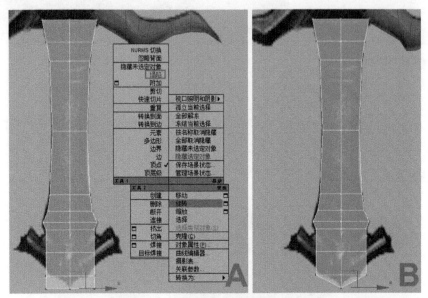（顶点）层级，选择剑柄底部的顶点，如图 2-54 中 A 所示，执行右键菜单中的"塌陷"命令合并选中的顶点，如图 2-54 中 B 所示。接着使用 （选择并移动）工具调整剑柄的细节造型，如图 2-55 所示。

6）选择剑柄的平面模型，然后在 （修改）面板的修改器列表中选择"壳"命令，接着调整"参数"卷展栏下的参数值，挤出剑身的厚度，效果如图 2-56 所示。最后右击视图中的剑柄模型，从弹出的快捷菜单中选择"转换为|转换为可编辑多边形"命令，将剑柄模型转换为可编辑多边形。

图 2-54　合并选中的剑柄底部的顶点

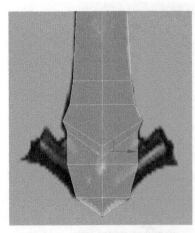

图 2-55　调整剑柄的细节造型

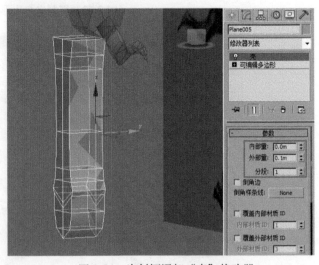

图 2-56　为剑柄添加"壳"修改器

7）进入 （边）层级，选择剑柄模型侧面的一圈平行边（注意剑柄顶端的中线边不要选择在内），如图 2-57 所示，执行右键菜单中的"塌陷"命令，如图 2-58 中 A 所示，效果如图 2-58 中 B 所示。接着进入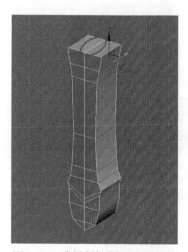（顶点）层级，再使用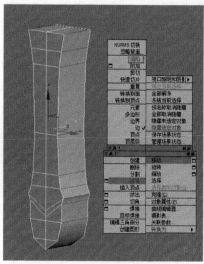（选择并移动）工具调整剑柄侧面的细节造型，如图 2-59 所示。

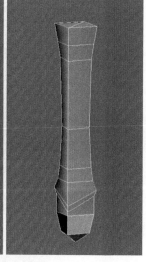

图 2-57　选择剑柄侧面的平行边　　　　　图 2-58　塌陷剑柄选中的边

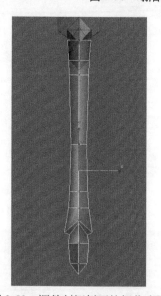

图 2-59　调整剑柄侧面的细节造型

8）进入（顶点）层级，选择剑柄的一个顶点，如图 2-60 中 A 所示。执行右键菜单中的"切角"命令，如图 2-60 中 B 所示，接着将切角光标移至选中的顶点处，并按住鼠标左键进行拖动，效果如图 2-60 中 C 所示。

9）进入（多边形）层级，然后选择切角之后生成的多边形，如图 2-61 中 A 所示，按〈Delete〉键进行删除，效果如图 2-61 中 B 所示。接着进入（顶点）层级，使用（选择并移动）工具调整剑柄侧面的细节造型，如图 2-62 中 A 所示。最后执行右键菜单中的"连接"命令，连接剑柄处的顶点，效果如图 2-62 中 B 所示。

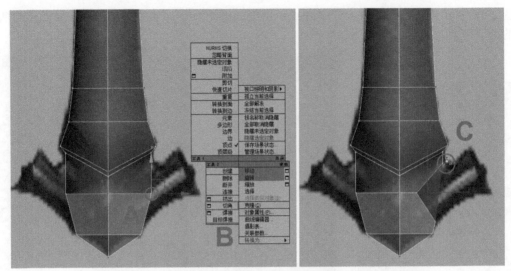

图 2-60　使用切角命令细分顶点

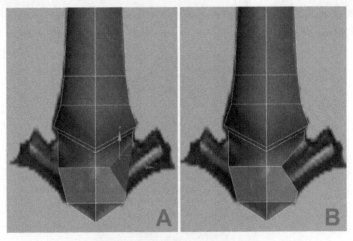

图 2-61　删除切角生成的多边形

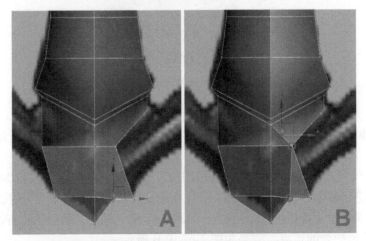

图 2-62　调整剑柄侧面的细节造型和剑柄顶点的位置

10）进入 ⟲（轮廓）层级，选择剑柄的轮廓，如图 2-63 中 A 所示，然后在按住〈Shift〉键的同时，使用 ✛（选择并移动）工具进行拖动，从而复制出一段多边形，如图 2-63 中 B 所示。接着进入 ⦂（顶点）层级，使用 ✛（选择并移动）工具调整剑柄侧面多边形的细节造型，如图 2-63 中 C 所示。同理，继续复制出一段多边形，再调整好造型，如图 2-63 中 D 所示。

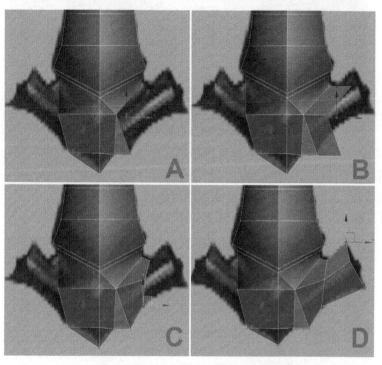

图 2-63 复制多边形并调整出剑柄造型

11）进入 ◁（边）层级，执行右键菜单中的"连接"命令添加边，如图 2-64 中 A 所示，然后进入 ⦂（顶点）层级，使用 ✛（选择并移动）工具调整细节，如图 2-64 中 B 所示。接着进入 ⟲（轮廓）层级，选择剑柄的轮廓，在按住〈Shift〉键的同时，使用 ✛（选择并移动）工具进行拖动，从而复制出一段多边形，如图 2-65 中 A 所示，最后执行右键菜单中的"塌陷"命令，合并选中的轮廓，效果如图 2-65 中 B 所示。

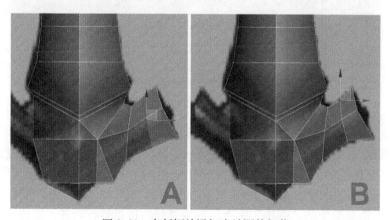

图 2-64 在剑柄处添加边并调整细节

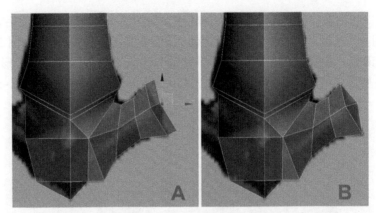

图 2-65　合并出剑柄侧面的轮廓

12）进入◁（边）层级，执行右键菜单中的"连接"命令，在剑柄处添加边，如图 2-66 中 A 所示。然后进入⬚（顶点）层级，执行右键菜单中的"连接"命令连接顶点，如图 2-66 中 B 所示。接着进入◁（边）层级，框选剑柄处的边，如图 2-66 中 C 所示，再执行右键菜单中的"塌陷"命令，合并选择的边，效果如图 2-66 中 D 所示。

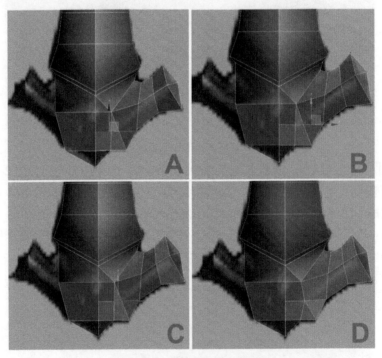

图 2-66　调整剑柄处的细节

13）进入⬚（顶点）层级，框选左侧剑柄的顶点，然后按〈Delete〉键删除该顶点，如图 2-67 中 A 所示。单击工具栏中的▓（镜像）工具，以"复制"方式对称复制出另一半剑柄，如图 2-67 中 B 所示。接着执行右键菜单中的"附加"命令，再单击另一侧的剑柄模型，从而将剑柄部分合并到一起，如图 2-68 中 A 所示。最后进入⬚（顶点）层级，框选接缝处的顶点，执行右键菜单中的"焊接"命令，将接缝处的顶点进行合并，如图 2-68 中 B 所示。

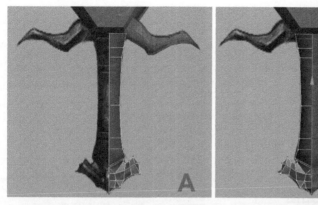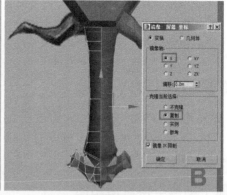

图 2-67 删除并复制出另一侧的剑柄模型

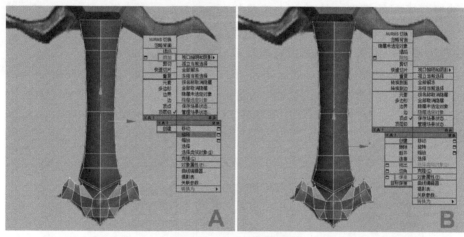

图 2-68 合并剑柄的模型

14）按〈Alt+X〉快捷键取消模型的显示，再单击工具栏中的 工具，以"复制"方式对称复制出另一半护手，如图 2-69 中 A 所示。然后使用 工具将其摆放到合适的位置，如图 2-69 中 B 所示。接着执行右键菜单中的"附加"命令，将各部分模型合并到一起，如图 2-70 所示。至此，双手剑模型制作完毕，文件可参照网盘中的"MAX文件 \ 第 2 章 \ MAX 场景文件 \jian02.max"文件。

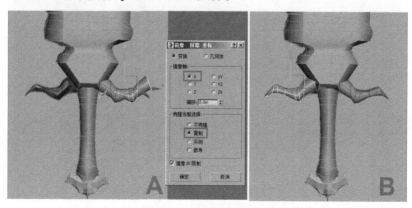

图 2-69 复制出另一半的护手

提示：双手剑剑柄的具体制作方法详见网盘中的
　　　"视频教程\第2章 游戏中的道具制作——
　　　双手剑\jian002.avi"视频文件。

2.2　调整贴图 UVW 坐标

调整剑模型的 UVW 坐标，分为赋予剑
模型棋盘格贴图、UVW 展开和调整以及输出
UVW 坐标 3 个部分。

2.2.1　赋予剑模型棋盘格贴图

首先赋予剑模型棋盘格贴图，步骤如下：

1）选择双手剑的模型，然后单击工具栏
中的　（材质编辑器）按钮，打开"材质编辑器"
面板。接着选择指定给双手剑的空白材质球，
单击"漫反射"右边的贴图按钮，如图 2-71 中
A 所示。在弹出的"材质/贴图浏览器"对话
框中选择"棋盘格"贴图，如图 2-71 中 B 所示，
单击"确定"按钮。

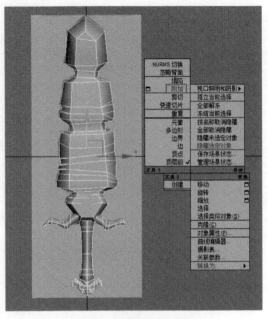

图 2-70　合并各部分模型

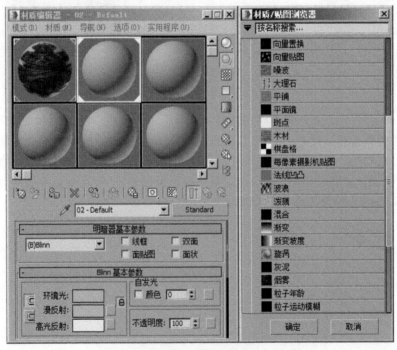

图 2-71　为材质球指定"棋盘格"材质

2）在"坐标"卷展栏中把"瓷砖"项中的"U""V"值都改为 10，然后单击　（将
材质指定给选定的对象）按钮，将材质指定给视图中双手剑的模型。接着单击　（在视口
中显示标准贴图）按钮，在视图中显示棋盘格贴图，效果如图 2-72 所示。

3ds max + Photoshop

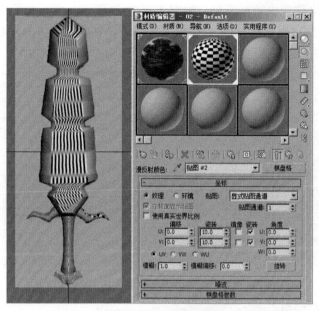

图 2-72 显示棋盘格贴图

2.2.2 剑的 UVW 展开和调整

剑的 UVW 展开和调整，步骤如下：

1）选择双手剑模型，然后在 （修改）面板的修改器列表中选择"UVW 展开"命令，接着单击"编辑 UV"卷展栏下的"打开 UV 编辑器"按钮，打开"编辑 UVW"对话框，如图 2-73 所示。

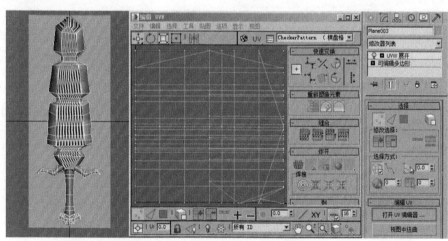

图 2-73 "编辑 UVW"对话框

2）激活 ■（多边形）和 （按元素 UV 切换选择）模式，以便可以通过局部选择整体的 UV。然后选择双手剑的全部 UV，如图 2-74 中 A 所示。再单击"投影"卷展栏下 （平面贴图）按钮和"Y"按钮，此时双手剑的 UV 变化如图 2-74 中 B 所示。接着单击 （平面贴图）按钮取消激活。

3）使用 （自由形式模式）工具，调整双手剑 UV 的位置和大小，如图 2-75 中 A 所示。

此时视图中的棋盘格纹理也随之变化，如图 2-75 中 B 所示。由于双手剑的剑身、护手和剑柄几个部分是相互独立的，下面在 UV 编辑器中分别调整双手剑各部分 UV 的位置和大小，调整剑柄的 UV 效果如图 2-76 所示。

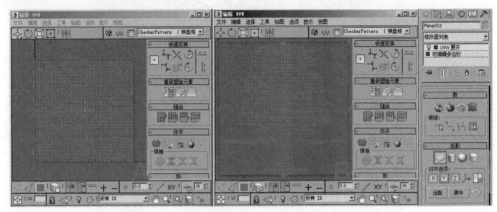

图 2-74　指定"平面贴图"坐标后的 UV 变化效果

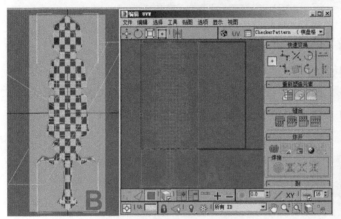

图 2-75　调整双手剑的 UV

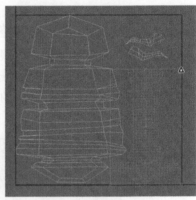

图 2-76　调整剑柄的 UV

4）选择一侧护手的 UV 线框，如图 2-77 中 A 所示，然后单击 █（镜像选定的子对象）按钮进行水平翻转，效果如图 2-77 中 B 所示。接着使用 █（自由形式模式）工具，将两侧 UV 线框重叠在一起，最后调整好大小、角度和位置，如图 2-78 所示。

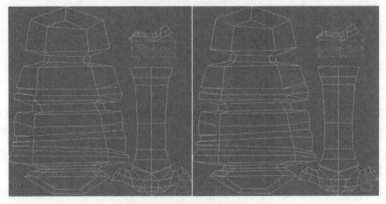

图 2-77　镜像一侧护手的 UV

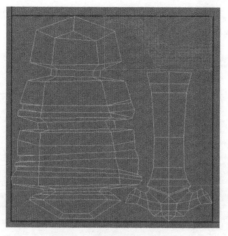

图 2-78 调整好护手的 UV

5）激活 ⬚（顶点）模式，关闭 ⬚（按元素 UV 切换选择）模式。然后使用 ⬚（自由形式模式）工具调整双手剑各部分 UV 的顶点位置，使模型表面棋盘格贴图的黑白格大小基本分布匀称，最终效果如图 2-79 中 A 所示。接着在修改器堆栈中执行右键菜单中的"塌陷全部"命令，将 UV 编辑的修改效果保存，如图 2-79 中 B 所示。至此，双手剑 UV 的调整完成。

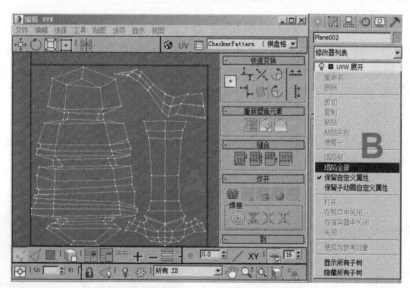

图 2-79 完成双手剑 UV 的调整

提示 1：为模型指定棋盘格贴图的作用就是检测 UVW 坐标调整得是否合理。

提示 2：游戏制作中贴图的尺寸要求尽可能小，以节约资源。所以在摆放 UV 的时候，要尽量利用所有的空间，让所有的 UVW 坐标充满蓝色象限空间。

2.2.3 输出剑的 UVW

在模型 UV 编辑完成后，要将 UV 进行渲染输出，以便在 Photoshop CS5 中进行贴图的绘制。

1）选择双手剑的模型，然后为其添加"UVW展开"修改器，接着单击"编辑UV"卷展栏下的"打开UV编辑器"按钮，打开"编辑UVW"对话框，如图2-80所示。

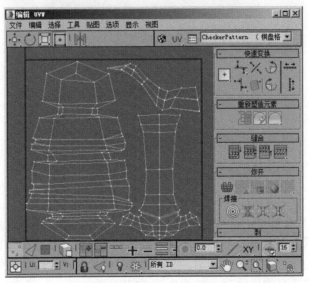

图2-80 "编辑UVW"对话框

2）选择菜单中的"工具|渲染UVW模板"命令，如图2-81中A所示，然后在弹出的"渲染UVs"对话框中将"宽度""高度"均设置为512，如图2-81中B所示。接着单击"渲染UV模板"按钮，如图2-81中C所示，从而渲染得到UV线框，如图2-82所示。最后单击■（保存位图）按钮，将图片命名为jianUV.tga，保存于网盘中的"MAX文件\第2章\贴图"目录下。

> 提示：调整贴图UVW坐标的具体方法详见网盘中的"视频文件\第2章 游戏中的道具制作——双手剑\UV.avi"视频文件。

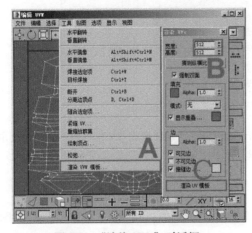

图2-81 "渲染UVs"对话框

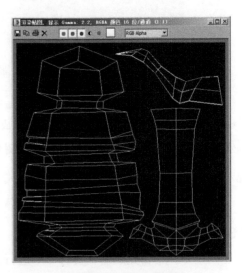

图2-82 UV线框图

2.3 绘制贴图

调整好 UV 坐标后，即进入贴图的绘制阶段。贴图的绘制是在整个道具制作过程中比较重要的环节。绘制贴图的方法分为叠加材质和手绘材质两种，也可以两种方法相结合。无论哪种方法，不仅要绘制出物体的色彩，还要充分表现物体的材质质感。因此绘制贴图时要注意模型和贴图是否合理匹配、模型各个部分的贴图材质颜色是否协调等问题。

2.3.1 从原画到贴图的转换

在制作贴图时一定要注意一点，就是贴图制作出来一定要符合原画的要求，通俗来讲就是一定要"像"原画，因此在制作贴图时，最好能充分利用原画。在这一小节中，主要是在利用原画的基础上进行加工来制作贴图。这种方法的制作难度不高，能快速入门，下面通过这种方法了解绘制贴图的步骤方法和流程。

1）提取 UV 线框。方法：进入 Photoshop CS5，打开保存在网盘中的"MAX 文件 \ 第 2 章 \ 贴图 \jianUV.tga"文件，选择菜单中的"选择 | 色彩范围"命令，再使用吸管吸取文件中的黑色区域，如图 2-83 中 A 所示，参数设置如图 2-83 中 B 所示，接着单击"确定"按钮，此时黑色以外的线框会成为选区，如图 2-84 所示。

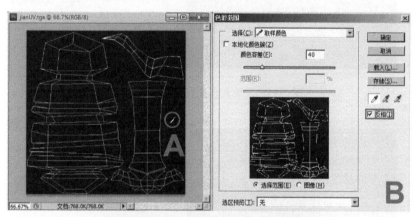

图 2-83 使用"色彩范围"提取 UV 线框的选区

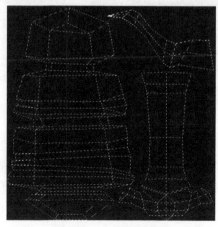

图 2-84 生成 UV 选区

2）在确认前景色为白色、背景色为黑色的情况下，单击"图层"面板下方的▣（创建新图层）按钮，创建"图层 1"图层，然后选择菜单中的"编辑 | 填充"命令，在弹出的对话框中打开"使用"下拉菜单，选择"背景色"方式，如图 2-85 所示，单击"确定"按钮，从而把线框填充为白色。接着选择菜单中"选择 | 取消选择"命令，取消选区。再次选择菜单中的"编辑 | 填充"命令，选择"前景色"方式，把"背景"图层填充为黑色，效果如图 2-86 所示。最后选择菜单中的"文件 | 存储为"命令，将图片命名为 jian.psd，保存到网盘中的"MAX 文件 \ 第 2 章 \ 贴图"目录下。

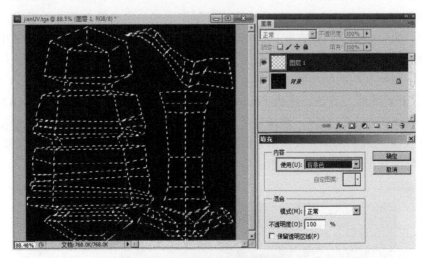

图 2-85　将填充色设置为"背景色"

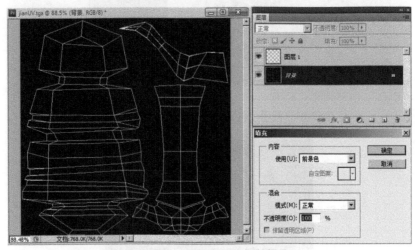

图 2-86　完成 UV 线框的提取

3）打开网盘中的"MAX 文件 \ 第 2 章 \ 原画 \ 双手剑 .jpg"文件，然后使用▽（多边形套索工具）创建剑身部位的选区，如图 2-87 中 A 所示。接着使用▶（移动工具）将选区中的内容拖至"jian.psd"文件中，如图 2-87 中 B 所示。选择菜单中的"编辑 | 自由变换"命令（快捷键为〈Ctrl+T〉），调整剑的材质图片的大小和位置，如图 2-88 所示。最后按〈Enter〉键确认"自由变换"的修改效果。

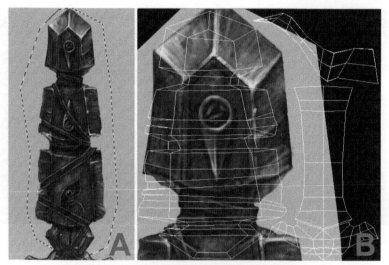

图 2-87　选择原画中的剑身到贴图文件中

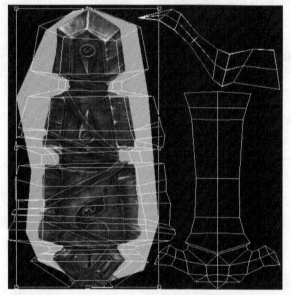

图 2-88　使用"自由变换"工具调整剑身图片的大小和位置

4）选择工具箱中的 （魔棒工具），设置"容差"为 10，然后选择双手剑图片中的灰色区域，生成选区，如图 2-89 中 A 所示；按〈Delete〉键删除剑身以外的多余区域，效果如图 2-89 中 B 所示。最后选择菜单中的"编辑 | 自由变换"命令（快捷键为〈Ctrl+T〉），根据剑身的 UV 线框来调整剑身图片的大小和位置，效果如图 2-90 所示。

5）同理，分别从"双手剑 .jpg"中取出护手与剑柄的图片，拖至"jian.psd"文件中，然后与对应的 UV 线框匹配好，如图 2-91 所示。接着在"图层"面板中按快捷键〈Ctrl+E〉，将剑身、护手、剑柄所在图层合并成一个图层，如图 2-92 中 A 所示。最后选择"图层 1"，调整其不透明度为 25%，如图 2-92 中 B 所示，以便可以透过线框层比较清晰地看到下层的图片，方便后面的绘制。

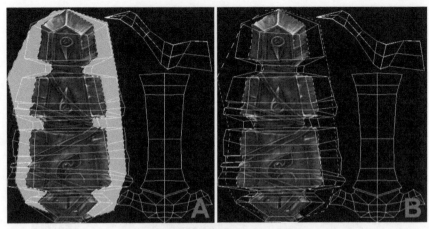

图 2-89　删除除剑身以外的多余区域

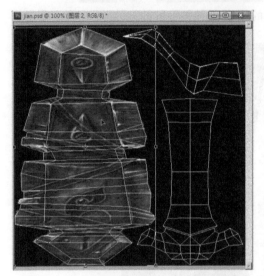

图 2-90　将剑身图片与剑身 UV 线框相匹配

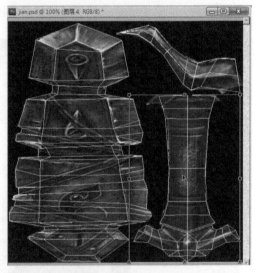

图 2-91　将护手和剑柄图片与相应线框相匹配

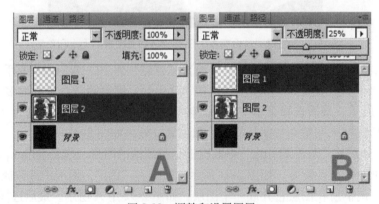

图 2-92　调整和设置图层

6）回到 3ds max 2016，打开材质编辑器，然后参考指定棋盘格贴图的方法，选择第 2

3ds max + Photoshop

个材质球，将刚才保存的"jian.psd"文件指定到"漫反射"通道，如图 2-93 中 A 所示。接着单击 ▨（在视图中显示标准贴图）按钮，如图 2-93 中 B 所示，这时可以在视图中观察到效果，如图 2-93 中 C 所示。

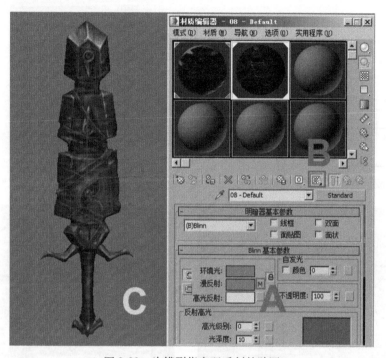

图 2-93　为模型指定双手剑的贴图

提示 1：将 PSD 格式的文件指定给模型时，需要在弹出的"PSD 输入选项"对话框中单击"塌陷层"单选按钮，此时的"塌陷层"并不是真的将图层合并，只是在 3ds max 中合并图层而已，如果在 Photoshop 中打开这个文件，图层依然存在。

提示 2：从原画到贴图的转换的具体方法详见网盘中的"视频教程 \ 第 2 章　游戏中的道具制作——双手剑 \UV.avi"视频文件。

2.3.2　对贴图进行细致加工

前面在 Photoshop CS5 中已经将贴图进行了相应处理，并指定给双手剑的模型。下面对贴图进行进一步的加工。

1）在使用 ▨（画笔工具）绘制双手剑的贴图之前，需要对画笔进行相应的设置。首先单击 ▨（画笔预设选取器）按钮，打开"画笔预设选取器"面板，设置笔刷的大小和硬度，如图 2-94 所示，然后单击 ▨（切换画笔面板）按钮，打开"画笔"设置面板，设置好笔尖形状，再设置"传递"模式中的控制类型为"钢笔压力"，压力值为 60%，如图 2-95 所示。

2）在 Photoshop CS5 中可以看到贴图和线框的边界处明显有一些缝隙存在，而且此时的贴图主要是取材于原画，会有很多原画的笔触痕迹，结构也不够清晰，如图 2-96 中线圈所示。下面需要使用 ▨（画笔工具）进行修补，再使用 ▨（橡皮擦工具）擦掉没有必要保留下来的边缘部分，修改后的贴图如图 2-97 所示。

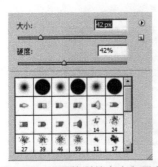

图 2-94　设置笔刷的大小和硬度

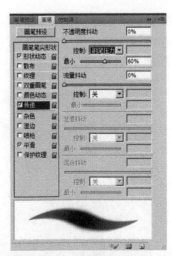

图 2-95　设置笔刷的"形状动态"和"传递"参数

图 2-96　贴图中不合理的接缝部分

图 2-97　修改后的贴图

3）在 Photoshop CS5 中使用 ▨（画笔工具）进一步刻画双手剑的细部，重点刻画剑身部分。在绘制的过程中，可以不断按〈Alt〉键，切换"画笔"为"吸管"工具，并在贴图上吸取适合的画笔颜色，再松开〈Alt〉键进行绘制，完成后的效果如图 2-98 所示。

4）在贴图处理完成后，按〈Ctrl+S〉快捷键，保存贴图文件，然后回到 3ds max 中观察贴图的显示，此时会发现贴图接缝仍有小问题，如图 2-99 所示。下面打开"编辑 UVW"面板，使用 ▣（自由形式模式）工具，微调一下 UVW 坐标的顶点，同时观察视图中贴图位置的移动，尽可能地把贴图坐标的位置

图 2-98　刻画剑的细部

调整到最佳，如图 2-100 所示。

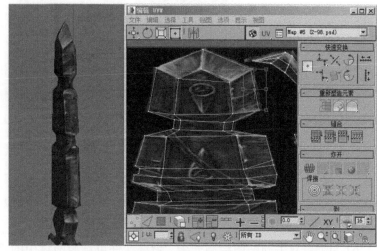

图 2-99　双手剑贴图的接缝错误　　　　　图 2-100　调整 UVW 坐标顶点位置，纠正接缝错误

5）在 Photoshop 中使用 （减淡工具），设置范围为"高光"，不透明度为 43%，然后对双手剑贴图中的高光部分进行处理，特别是金属部分，处理时要注意光源的统一性，处理后的效果如图 2-101 所示。接着保存贴图文件，再回到 3ds max 中从各个角度观察贴图的显示，效果如图 2-102 所示。

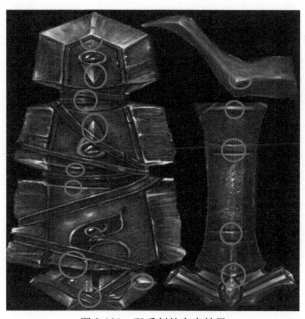

图 2-101　双手剑的高光效果

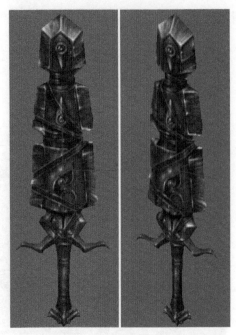

图 2-102　观察贴图的显示效果

6）至此，双手剑贴图绘制完毕，最终文件可参照网盘中的"MAX 文件 \ 第 2 章 \MAX 场景文件 \jian001.zip"文件。

提示：双手剑贴图绘制的方法详见网盘中的"视频教程 \ 第 2 章　游戏中的道具制作——双手剑 \tietu01. avi、tietu02.avi 和 tietu03.avi"视频文件。

2.4　课后练习

运用本章所学的知识制作一把剑，完成后的效果如图 2-103 所示，此图为剑的正反两面效果图，参数可参考网盘中的" 课后练习 \ 第 2 章 \jian.max"文件。

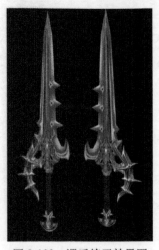

图 2-103　课后练习效果图

第3章 游戏场景中的植物

　　游戏场景中的植物包括游戏画面中出现的所有花、草、树、木，在制作中根据所需的精度不同，可以把这些植物分为远景、中景和近景3种。

　　这3种植物的制作思路有着很多的相似之处，因为几乎所有的植物都有烦琐的枝叶，如果用写实的手法来表现这些枝叶，必将会给游戏引擎带来很大的负担。所以在制作游戏场景中的植物时，通常都是利用透明贴图来代替大量烦琐的枝叶。这种制作思路能够最大化地减少模型的多边形数量，保障游戏引擎能实时渲染，从而给玩家提供流畅的操作体验。

　　这3种植物在具体制作时也会略有差别。例如，近景植物所需要的精度很高，也许一棵植物要用上百个多边形，而远景植物则只用一个多边形就能完成。本章以树木为例，按照远景、中景和近景的分类来分别介绍游戏中植物的制作方法，效果图如图3-1所示。

远景树

中景树

近景树

图3-1　游戏场景中的植物

　　设计要求如下：

远景树：用最少的多边形表现一组树丛。

中景树：适当添加细节，绘制贴图时注意要表现树叶的体积与颜色的变化，只能用1张贴图。

近景树：有足够的细节，能满足特写的需要，要表现出树的苍老和神秘。需要自己整理素材，可以适当增加贴图数量。

3.1 制作远景树

远景树一般都被当作背景来使用，不需要太多的细节，所以在保证基本树木形态的前提下，需要尽量减少模型的多边形数量，甚至完全用透明贴图来代替模型。下面讲解远景树的制作。

3.1.1 创建基本模型

首先进行基本模型的创建，步骤如下。

1）打开 3ds max 2016 软件，单击 ※（创建）面板下 ○（几何体）中的"平面"按钮，然后在前视图中创建一个"平面"模型。接着进入 ☑（修改）面板，设置模型的长度为"100"、宽度为"100"，长度分段和宽度分段数均为"1"。再切换到透视图，调整视图到合适的角度，如图 3-2 所示。最后右击视图中的平面体，在弹出的快捷菜单中执行"转换为 | 转换为可编辑多边形"命令，将平面转换为可编辑多边形物体。

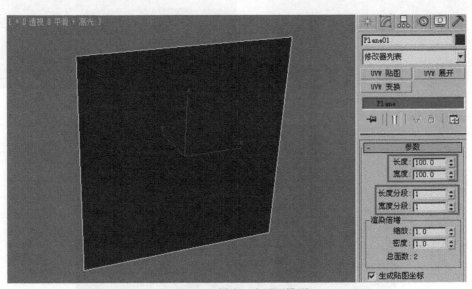

图 3-2　创建一个平面模型

2）激活工具栏的 ☒（角度捕捉切换）按钮，然后按住〈Shift〉键，利用工具栏中的 ○（选择并旋转）工具在透视图中沿"Z"轴将面片旋转 90°。接着在弹出的"克隆选项"对话框中选择"复制"选项。最后单击"确定"按钮关闭对话框，这样就克隆出了十字形交叉的两个面片物体，至此基本模型就完成了，如图 3-3 所示。

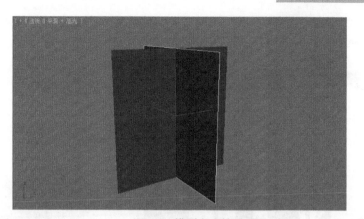

图 3-3　模型完成效果

3.1.2　制作透明贴图

远景树的模型被精简到了极限，所有的细节都要通过贴图来表现，并且还要让贴图中除了树木之外的其他部分透明，也就是要制作透明贴图，这是本小节的重点。

1）启动 Photoshop CS5 软件，打开网盘中的"贴图 \ 第 3 章 游戏场景中的植物 \ maps\ yuanjingshu\yuanjingshu.jpg"文件，如图 3-4 所示。

2）选择背景层后，再选择工具栏中的![魔棒图标]（魔棒）工具来选取贴图中的背景部分。如果有的背景没有被选上，可以配合〈Shift〉键继续添加选区，直到背景部分完全被选择为止。然后按快捷键〈Shift+Ctrl+l〉，反向选择树木选区，如图 3-5 所示。

图 3-4　打开素材文件

图 3-5　选择树木选区

3）打开通道面板，然后单击面板下方的![按钮图标]（将选区存储为通道）按钮，将刚才选择的树木选区存储为"Alpha"通道，如图 3-6 所示。在贴图赋予模型后，将要用这个通道来控制贴图的不透明度。

4）按快捷键〈Shift+Ctrl+E〉，合并可见图层，然后按快捷键〈Shift+Ctrl+S〉，将贴图存储为"yuanjingshu.tga"文件，存储时在弹出的"Targa 选项"面板中选择"32 位 / 像素"选项，如图 3-7 所示，单击"确定"按钮。

3ds max + Photoshop

提示：TGA 格式文件的特点是能够保存 Alpha 通道，不过它要求必须在"32 位 / 像素"的条件下，所以在"Targa 选项"面板中一定要选择"32 位 / 像素"。

图 3-6 制作"Alpha"通道

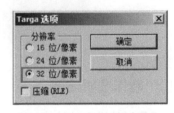

图 3-7 "Targa 选项"面板

3.1.3 调整整体效果

调整整体效果的步骤如下：

1）切换回 3ds max 2016 软件，按快捷键〈M〉，调出"材质编辑器"面板。然后单击一个空白的材质球，单击"漫反射"贴图通道右边的 ▇ 按钮，如图 3-8 中 A 所示，打开"材质 / 贴图浏览器"对话框。接着双击"位图"按钮，如图 3-8 中 B 所示，在弹出的"选择位图图像文件"对话框中找到刚才保存的"MAX 文件 \ 第 3 章 \ 贴图 \yuanjingshu\yuanjingshu.tga"文件，单击"打开"按钮。

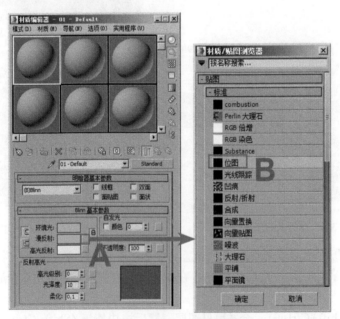

图 3-8 添加位图

2）选择视图中十字交叉的两个平面物体，单击材质编辑器工具栏中的 ▇（将材质指定给选定的对象）按钮，将材质赋予视图中的平面物体。然后单击材质编辑器工具栏中的 图,（在视口中显示标准贴图）按钮，在视图中显示出贴图效果，结果如图 3-9 所示。

图 3-9　将材质赋予平面物体

3）现在模型上有了贴图，但是贴图并不是透明的，下面就介绍贴图透明效果的设置方法。方法：取消选中"双面"复选框，如图 3-10 中 A 所示。然后拖动图 3-10 中的 B 到 C，接着在弹出的"复制（实例）贴图"对话框中单击"复制"选项，如图 3-10 中 D 所示，单击"确定"按钮。这样材质的"不透明度"通道和"漫反射颜色"通道就被添加了同样一张"32 位 / 像素"的 TGA 贴图，如图 3-10 中 E 所示。

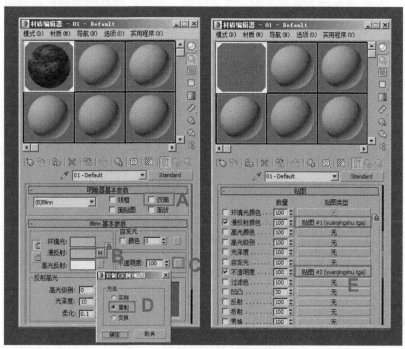

图 3-10　为不透明通道添加贴图

4）此时不透明度贴图效果没有显示出来。单击不透明通道右侧的贴图按钮，在打开的位图参数面板中单击"单通道输出"选项组中的"Alpha"，如图 3-11 所示，从而显示出不透明度贴图效果，如图 3-12 所示。

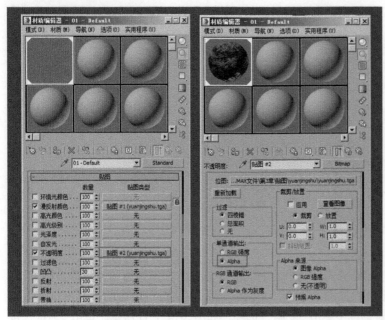

图 3-11　设置 "Alpha" 通道　　　　　　　　　图 3-12　显示效果

5）将远景树复制多个，然后利用工具栏中的 [图标]（选择并均匀缩放）工具，调整每一个模型的大小，从而避免因为复制而带来的雷同感。至此，远景树的制作就完成了，最终效果如图 3-13 所示。

图 3-13　最终效果图

3.2　制作中景树

中景树相对于远景树来说细节要丰富得多，在制作时只用贴图来代替树枝已经不能满足三维游戏的要求了，因此中景树的树干和主要树枝需要用三维模型来表现。下面首先来讲解中景树模型的制作。

3.2.1 制作主干模型

首先进行主干模型的制作，步骤如下：

1) 打开 3ds max 2016 软件，单击 ❋ (创建) 面板下 ⊙ (几何体) 中的"圆柱体"按钮，然后在透视图中单击，在水平方向拖动来定义圆柱体的周长，接着在垂直方向拖动来定义圆柱体的高度，再单击结束创建。最后进入 ☑ (修改) 面板，设置模型的半径为"2.5"、高度为"50"、高度分段数为"3"、端面分段数为"1"、边数为"5"，如图 3-14 所示。

2) 选择圆柱体，并在视图中右击，然后在弹出的菜单中选择"转换为|转换为可编辑多边形"命令，将圆柱体转换为可编辑多边形物体。

3) 为了节省资源，删除多余的多边形。方法:进入 ☑ (修改) 面板可编辑多边形的 ■ (多边形) 层级，选择圆柱体的底部多边形，按 〈Delete〉 键将其删除，效果如图 3-15 所示。

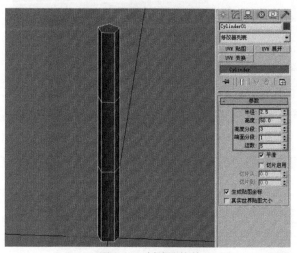

图 3-14 创建圆柱体

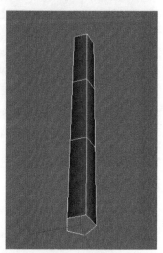

图 3-15 删除底面

4) 进入模型的 ◁ (边) 层级，然后利用工具栏中的 ✥ (选择并移动) 工具，选择圆柱体中间方向的一圈边将其向下移动，如图 3-16 所示。接着进入 ⋮ (顶点) 层级，利用 ◳ (选择并均匀缩放) 工具，选择每一圈的顶点进行缩放，使圆柱体从底端到顶端呈逐渐变细的形状，效果如图 3-17 所示。

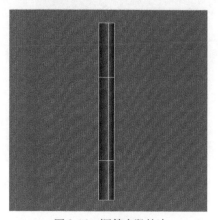

图 3-16 调整中段的边

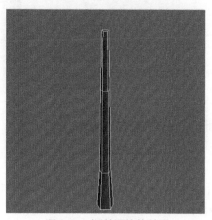

图 3-17 调整圆柱体外形

5）进入 （顶点）层级，利用工具栏中的 （选择并移动）工具，调整圆柱体的中端，让它弯曲到接近树干的形状，如图 3-18 所示。

6）利用"切割"工具在最下面的一圈添加如图 3-19 所示的边。

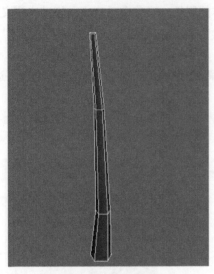

图 3-18　调整主干的形状

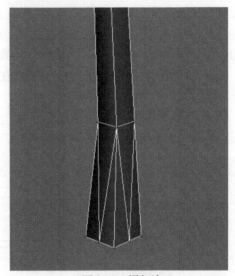

图 3-19　添加边

7）进入 （顶点）层级，选择如图 3-20 所示的顶点，利用 （选择并均匀缩放）工具将其在水平面上缩小。

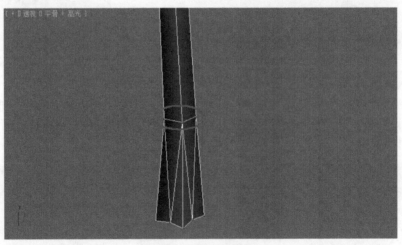

图 3-20　调整底部外形

至此，主干模型制作完成。

3.2.2　制作枝叶模型

主干模型制作完成后，下面来制作枝叶模型。一般采用创建一个简单模型，然后利用贴图来表现枝叶效果。

1）单击 （创建）面板下 （几何体）中的"平面"按钮，在顶视图中创建一个"平面"模型。然后进入 （修改）面板，设置模型的长度分段和宽度分段分别为"2"和"3"。接着利用工具栏中的 （选择并均匀缩放）工具调整平面到接近树枝的大小，最后将其转换为可编辑多边形物体，再进入 （顶点）层级调整顶点位置，使其外形更像叶子，并利用 （选择并移动）工具调整位置对齐树干，如图 3-21 所示。

2）按住〈Shift〉键，利用 （选择并移动）工具移动第一个树叶模型，然后在弹出的对话框中单击"复制"后再单击"确定"按钮，从而复制出第二个树叶模型。接着调整树叶的外形，使其和第一个树叶不相同，最后利用 （选择并移动）工具将其和树干对齐，效果如图 3-22 所示。

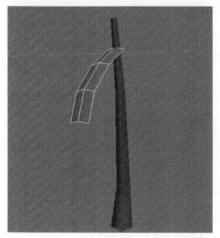

图 3-21　创建树叶并调整位置

图 3-22　复制第二个树叶

3）同理，复制出其他的树叶，在摆放树叶的位置时要尽量对齐树干，并避免所有的树叶方向雷同，完成的效果如图 3-23 所示。这样中景树的模型创建完成。

图 3-23　完成其他树叶

3.2.3　整理贴图坐标

在游戏制作中，节约资源一直是最终的原则，为了遵守这个原则，在制作植物的时候，枝叶繁多的树叶树枝，就必须尽量将它们归纳统一。针对中景树的贴图可以归纳为两种，一种是树干，另一种是树叶，下面就用贴图坐标来实现这个贴图的归纳。

1) 选取模型的树干部分并右击，从弹出的快捷菜单中选择"孤立当前选择"命令，将树叶隐藏起来。然后按〈M〉键，打开"材质编辑器"面板，选择一个空白的材质球，如图 3-24 中 A 所示。接着单击"漫反射"贴图通道右侧的■按钮，如图 3-24 中 B 所示，打开"材质/贴图浏览器"对话框，再双击"位图"按钮，如图 3-24 中 C 所示。最后在弹出的"选择位图图像文件"对话框中找到网盘中的"MAX 文件\第 3 章\贴图\zhongjingshu\shugan.tga"文件，如图 3-24 中 D 所示，单击"打开"按钮，将其添加到"漫反射"的贴图通道。

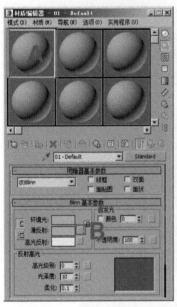

图 3-24　添加位图

2) 单击材质编辑器工具栏中的 ![] （将材质指定给选定的对象）按钮，将材质赋予视图中的树干模型。然后单击材质编辑器工具栏中的 ![]（在视口中显示标准贴图）按钮，在视图中显示出贴图效果，如图 3-25 所示。

3) 在修改器列表中添加"UVW 贴图"命令，在参数设置面板中如图 3-26 所示进行设置。

4) 执行修改器中的"UVW 展开"命令，在参数面板中单击"打开 UV 编辑器"按钮，打开"编辑 UVW"面板。然后单击右上角的下拉菜单，从中选择"拾取纹理"命令，如图 3-27 所示。接着在弹出的"材质/贴图浏览器"对话框中双击"位图"按钮，如图 3-28 所示。最后在弹出的"选择位图图像文件"对话框中找到"MAX 文件\第 3 章\贴图\zhongjingshu\shugan.tga"文件，单击"打开"按钮。

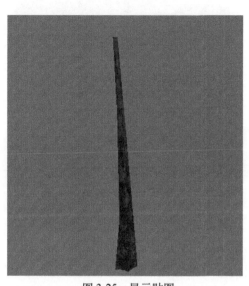

图 3-25　显示贴图

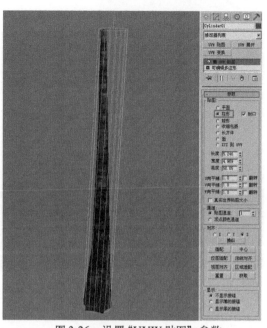

图 3-26　设置 "UVW 贴图" 参数

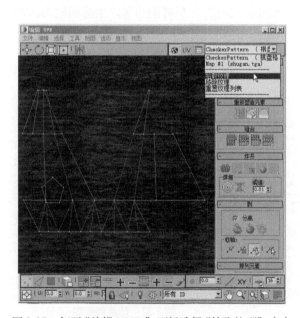

图 3-27　打开 "编辑 UVW" 面板选择 "拾取纹理" 命令

图 3-28　双击 "位图" 按钮

5）根据树干的纹理走向合理调整坐标，整理后的 UVW 坐标如图 3-29 所示。

6）在修改器中右击，从弹出的快捷菜单中选择 "塌陷全部" 命令，将修改器中的命令全部合并。此时树干的效果如图 3-30 所示。

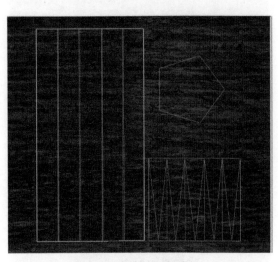

图 3-29　调整 UVW 坐标

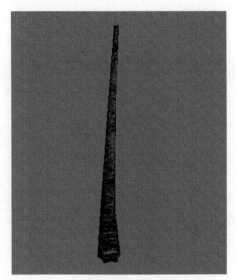

图 3-30　树干效果图

7）右击视图中的树干模型，然后从弹出的快捷菜单中选择"结束隔离"命令，退出孤立模式。接着利用"附加"工具将所有的树叶合并在一起。最后使用相同的方法将树叶的材质赋予模型，并调整 UVW 坐标，效果如图 3-31 所示。

8）利用做远景树的方法为树叶添加"Alpha"通道，使树叶的边缘产生透明效果，如图 3-32 所示。

图 3-31　赋予树叶材质

图 3-32　最终效果图

9）将树复制多个并调整成不同的外形和大小，然后放置到引擎中进行测试，效果如图 3-33 所示。

图 3-33　渲染效果图

3.3　制作近景树

近景树在游戏场景中处于近处，可能会出现特写，甚至可能会与角色有交互，这类树的制作要格外细致，所以它也是植物制作中难度最高的。

3.3.1　制作树干模型

首先进行树干模型的制作，步骤如下：

1) 打开 3ds max 2016 软件，单击 ✤（创建）面板下 ◎（几何体）中的"圆柱体"按钮，然后在透视图中单击，在水平方向拖动来定义圆柱体的周长，接着在垂直方向拖动来定义圆柱体的高度,并单击结束创建。最后进入 ◪（修改）面板，设置模型的半径为"20"、高度为"100"、高度分段数为"2"、端面分段数为"1"、边数为"8"，如图 3-34 所示。

2) 选择新建的圆柱体并在视图中右击，从弹出的快捷菜单中选择"转换为 | 转换为可编辑多边形"命令，将圆柱体转换为可编辑多边形物体。然后进入 ⋯（顶点）层级，选择圆柱体中间的顶点并利用 ✤（选择并移动）工具将其下移。接着为了节省资源，进入 ■（多边形）层级，选择圆柱体的底部多边形，按〈Delete〉键将其删除，效果如图 3-35 所示。

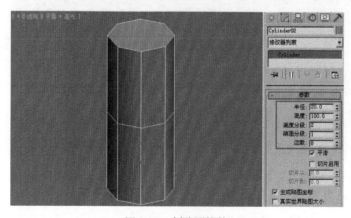

图 3-34　创建圆柱体

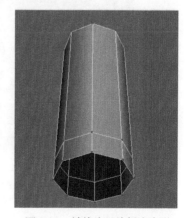

图 3-35　转换为可编辑多边形

3）制作树根的模型。方法：按快捷键〈Alt+E〉，执行"挤出"命令，然后依次选择圆柱体底部多边形将其挤出两次，挤出完成后分别调节挤出部分的外形，如图3-36和图3-37所示。这些挤出的部分就是树根的模型。

提示：在挤出的时候要注意，不要将所有的多边形都挤出成同一个样子，可以选择其中的一个多边形挤出，也可以选择两个挨着的多边形同时挤出，这样树根才会具有粗细自然感。

4）进入 ▣（多边形）层级，选择如图3-38所示的模型底部的多边形，按〈Delete〉删除。

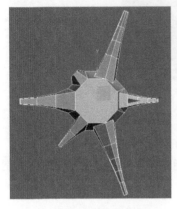
图3-36 挤出树根1

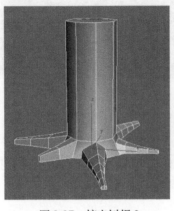
图3-37 挤出树根2

图3-38 删除底部多边形

5）进入 ◐（元素）层级，选择整个树干物体，在修改面板的"多边形 平滑组"卷展栏上按下按钮"1"，给树干指定一个光滑组，光滑组会自动把组中的多边形光滑"45"，如图3-39所示。

提示：指定光滑组的物体会显示得更加圆滑，这种方法在游戏的底部多边形建模中会经常用来模仿只有高多边形才会有的光滑效果。

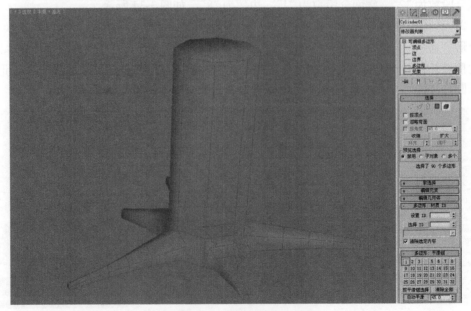
图3-39 给模型指定光滑组

3ds max + Photoshop

6）进入 （顶点）层级，利用 （选择并移动）工具调整根部的顶点位置，使树根的形态更加生动。效果如图 3-40 所示。

3.3.2　制作树枝模型

制作树枝模型的步骤如下：

1）在创建好树根的模型后，利用"挤出"命令挤出树干，并调整树干的自然弯曲。完成的效果如图 3-41 所示。

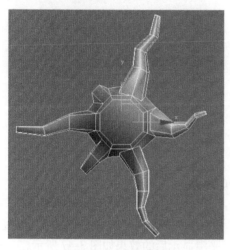

图 3-40　调整树根形态

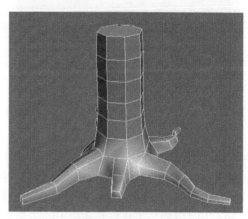

图 3-41　挤出树干模型

2）在树干的顶部利用"剪切"工具添加一条边，如图 3-42 所示，然后进入 （多边形）层级，将顶部的两个多边形利用"挤出"工具分别挤出若干段，并调整外形。接着进入 （顶点）层级，选择顶端的顶点，执行"塌陷"命令，将其合并为一个顶点，效果如图 3-43 所示。

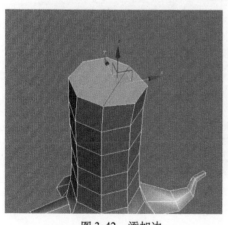

图 3-42　添加边

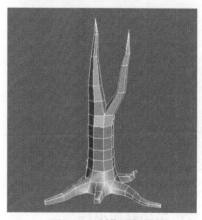

图 3-43　制作顶部分枝

3）进入可编辑多边形的 （边）层级，在树干的弯曲突出部分选择水平方向的一条边，然后执行"切角"命令，将这条边切成两条，如图 3-44 所示。接着进入 （多边形）层级，选择刚才切角后形成的几个多边形，利用"挤出"工具将这些多边形挤出成为一个树枝。最后进

入 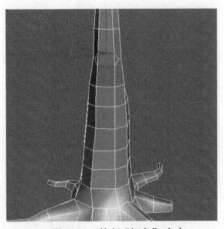 （顶点）层级，选择树枝顶端的顶点，利用"塌陷"命令将树枝顶端的顶点塌陷，效果如图 3-45 所示。

图 3-44　执行"切角"命令

图 3-45　创建一个分枝

4）同理，创建出其他的所有分枝，效果如图 3-46 所示。

5）单击 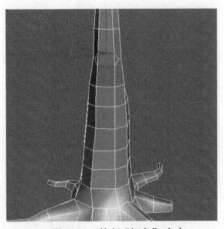（创建）面板下 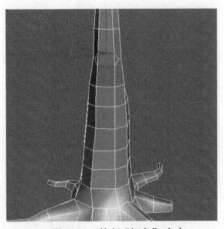（几何体）中的"平面"按钮，在视图中创建一个平面，然后将其转换为可编辑多边形物体。接着将多边形物体调整成树藤的外形放置到树枝下，并复制出多个，再利用"附加"工具将其和树干的模型合并。平滑显示后的效果如图 3-47 所示。

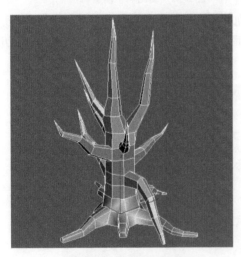

图 3-46　创建其他分枝

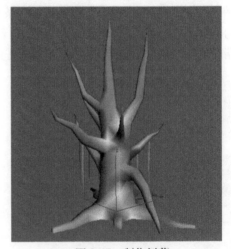

图 3-47　制作树藤

3.3.3　调节树干的贴图坐标

近景树的树干是不规则的形状，比较复杂。对待复杂物体的最好处理办法就是将其拆分成几个比较规整的部分后，再分别处理它们。在树干的 UV 贴图坐标调节中，就运用这种方法进行操作。

1）按〈M〉键，打开"材质编辑器"面板。选择一个空白的材质球，如图 3-48 中 A 所示，单击"漫反射"右侧的▓按钮，如图 3-48 中 B 所示，打开"材质/贴图浏览器"对话框。接着在对话框中双击"棋盘格"按钮，如图 3-48 中 C 所示。

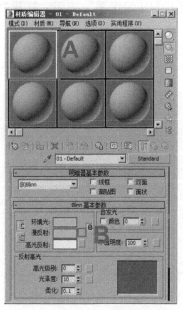 

图 3-48　指定"棋盘格"材质

2）在漫反射的参数设置面板中，将 UV 两个方向的瓷砖（平铺）数设置为"10"，如图 3-49 所示。然后单击材质编辑器工具栏中的▓（将材质指定给选定的对象）按钮，将材质赋予视图中的树干模型。再单击材质编辑器工具栏中的▓（在视口中显示标准贴图）按钮，在视图中显示出贴图效果，如图 3-50 所示。

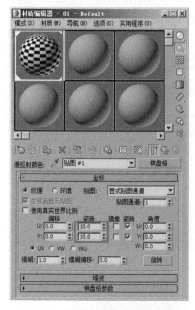 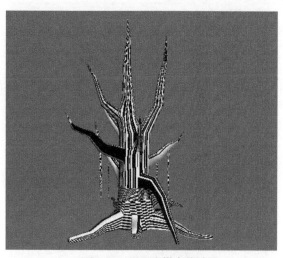

图 3-49　调整棋盘格贴图的参数　　　　　　　　图 3-50　显示出棋盘格贴图

3）UV 的编辑。因为树枝的形态比较复杂，不能用简单的圆柱体来概括它的 UV 坐标，所以采取把每个部分拆分开来，再手动指定接缝的方法将它展开。拆分模型方法：在修改器列表中选择"UVW 展开"命令，为模型添加"UVW 展开"修改器，然后进入 ■（多边形）层级，选择要断开的部分，接着按修改面板的"打开 UV 编辑器"按钮，打开"编辑 UVW"面板，执行"工具 | 断开"命令。

4）指定接缝。方法：进入 ◁（边）层级，选择要指定为接缝的边，然后在"编辑 UVW"面板中执行菜单中的"工具 | 断开"命令，将选择的边断开为接缝，效果如图 3-51 所示。

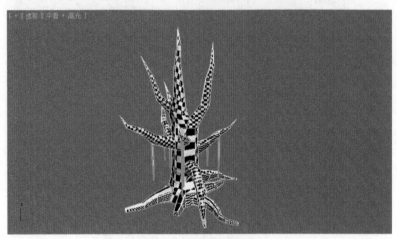

图 3-51　模型接缝的划分

5）利用"编辑 UVW"面板中的 ✥（移动选定的子对象）工具整理拆分出来的各个部分的 UVW 坐标，通过不断地移动点展开，按照接缝把每个部分展开。展开的效果如图 3-52 所示。

6）在"编辑 UVW"面板中执行菜单中的"工具 | 渲染 UVW 模板"命令，在弹出的"渲染 UVs"对话框中，将"宽度"和"高度"都改为"512"，如图 3-53 所示，单击"渲染 UV 模板"按钮，将 UV 存储为"MAX 文件 \ 第 3 章 \ 贴图 \jinjingshu \shuganuv.tga"文件。

图 3-52　展开 UVW 坐标

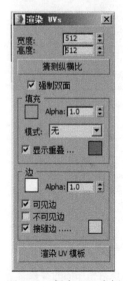

图 3-53　保存 UV 坐标

3.3.4 绘制树干贴图

树干的贴图坐标调节完成后,绘制树干贴图,步骤如下:

1) 启动 Photoshop CS5 软件,打开刚保存的"MAX 文件\第 3 章\贴图\jinjingshu\shuganuv. tga"文件,然后单击图层面板下方的 ⬚(创建新图层)按钮新建一个图层,如图 3-54 所示。

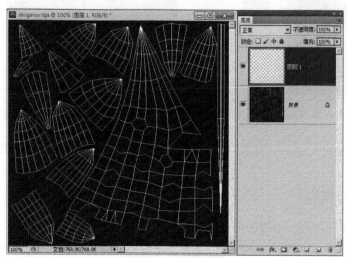

图 3-54　新建图层

2) 执行菜单中的"选择 | 色彩范围"命令,然后在弹出的"色彩范围"对话框中选中"反相"选项,如图 3-55 中 A 所示。接着单击 UV 文件中的黑色部分,如图 3-55 中 B 所示,单击"确定"按钮,从而提取出白色线框选区。

图 3-55　提取 UV 线框

3) 选择"图层 1",将其填充为白色,然后按快捷键〈Ctrl+D〉取消选区。接着选择"背景"图层,将其填充为黑色,这样 UV 的线框就提取完成了。最后在"图层 1"和"背景"图层之间再新建一个图层,如图 3-56 所示,以便在"图层 2"进行贴图绘制。

4) 根据线框绘制贴图,效果如图 3-57 所示。

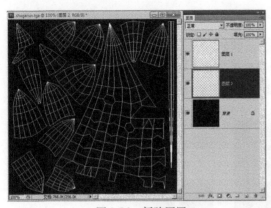

图 3-56　新建图层

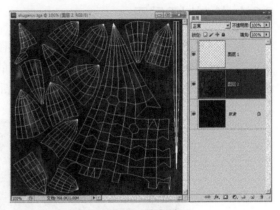

图 3-57　绘制贴图

5）隐藏线框"图层 1"图层，将贴图保存为"MAX 文件 \ 第 3 章 \ 贴图 \jinjingshu\shugan.tga"的文件。

3.3.5　匹配贴图与模型

将贴图与模型进行匹配，步骤如下：

1）切换回 3ds max 2016 软件，按〈M〉键，调出材质编辑器。

2）选择调整贴图坐标时，已经加入了棋盘格贴图的材质球，如图 3-58 中 A 所示。然后单击"漫反射"右侧的■按钮，如图 3-58 中 B 所示，打开漫反射通道，如图 3-58 中 C 所示。

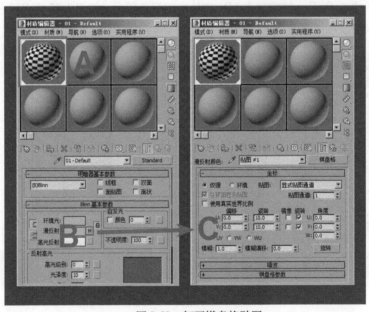

图 3-58　打开棋盘格贴图

3）单击"棋盘格"按钮，如图 3-59 中 A 所示，打开"材质 / 贴图浏览器"对话框，然后双击"位图"，如图 3-59 中 B 所示，接着在弹出的"选择位图图像"对话框中找到绘制并保存好的"MAX 文件 \ 第 3 章 \ 贴图 \jinjingshu\shugan.tga"文件。

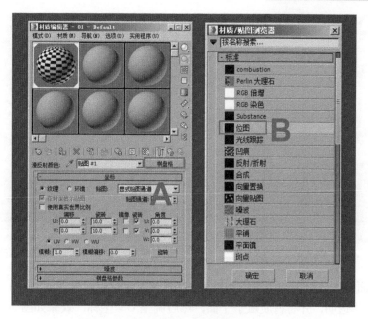

图 3-59　添加贴图

4) 单击材质编辑器工具栏中的 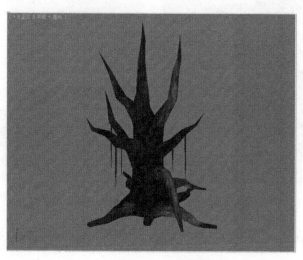（在视口中显示标准贴图）按钮，在视图中显示出贴图效果，如图 3-60 所示。

图 3-60　显示贴图

3.3.6　制作树叶模型

制作树叶模型的步骤如下：

1) 单击 ✥（创建）面板下 ◯（几何体）中的"平面"按钮，在视图中创建一个平面，然后在 ☑（修改）面板中设置模型长度分段和宽度分段均为"1"。接着将其转换为可编辑多边形后调整到适当大小，摆放到如图 3-61 所示的位置。

2) 将此多边形复制多个，并利用 ✦（选择并移动）和 ↻（选择并旋转）工具调整大小和方向，效果如图 3-62 所示。

3ds max + Photoshop

图 3-61　创建平面作为树叶

图 3-62　复制平面并调整

3）和前面制作远景树和中景树树叶的方法一样，将准备好的贴图添加"Alpha"通道，使树叶的边缘产生透明，并将材质赋予平面，然后调整 UV 坐标，效果如图 3-63 所示。

4）继续添加其他树叶，如图 3-64 所示。

图 3-63　制作树叶效果

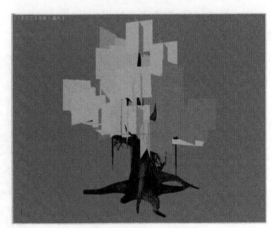

图 3-64　添加其他树叶

5）制作好透明贴图，然后把贴图赋予模型，并调整 UV 坐标。效果如图 3-65 所示。

3.4　课后练习

1. 运用本章所学的知识制作图 3-66 所示的远景树的效果。参数可参考"课后练习 \ 第 3 章 \ 远景树 .zip"文件。

2. 运用本章所学的知识制作图 3-67 所示的中景树的效果。参数可参考"课后练习 \ 第 3 章 \ 中景树 .zip"文件。

3. 运用本章所学的知识制作图 3-68 所示的近景树的效果。参数可参考"课后练习 \ 第 3 章 \ 近景树 .zip"文件。

图 3-65　最终效果图

图 3-66　远景树的效果图

图 3-67　中景树的效果图

图 3-68　近景树的效果图

第4章 游戏室外场景制作 1——哨塔

本章讲解的是 3D 网络游戏中的室外场景——哨塔的制作方法。本例模型放置到引擎中的渲染效果图如图 4-1 所示。通过本章的学习，读者应掌握使用透明贴图来制作 3D 网络游戏场景的方法。

图 4-1　游戏室外场景制作 1——哨塔的效果图

在制作场景之前要对原画设定（本例原画设定为网盘中的"MAX 文件 \ 第 4 章 \ 原画 \ 哨塔原画 .jpg"，如图 4-2 所示）进行分析，了解制作目的，再确定场景基本主体的比例结构，然后按照从整体到局部、再到细节的思路完成制作。

图 4-2　原画设定

现在就开始运用一个标准的项目需求文档进入生产流程的制作讲解。

《哨塔》——描述文档

名称：哨塔。

用途：游戏中 NPC 驻守的地方。

简介：这个哨塔为中式古代建筑，玩家可以从这里的 NPC 接到游戏任务。

内部细节：添加军旗、兵器等突出建筑作用的道具。

接下来就开始进入正式的制作流程环节。

4.1　进行单位设置

在制作游戏场景之前，要根据项目要求来设置软件的系统参数，包括单位尺寸、网格大小、坐标点的定位等。不同的游戏项目对系统参数有着不同的要求。本例使用的是游戏开发中比较通用的设置方法。

1）进入 3ds max 2016 操作界面，然后选择菜单中的"自定义 | 单位设置"命令，在弹出的"单位设置"对话框中选择"公制"单选按钮，再从下拉列表框中选择"米"选项，如图 4-3 所示。接着单击"系统单位设置"按钮，弹出如图 4-4 所示的对话框，在其中将系统单位比例值设为"1单位 =1.0 米"，单击"确定"按钮，从而完成系统单位设置。

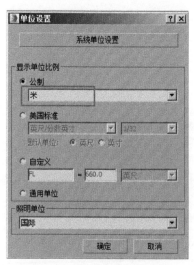

图 4-3　"单位设置"对话框　　　　　图 4-4　"系统单位设置"对话框

2）对网格单位进行设置，以便结合单位尺寸来定制操作平面的比例。方法：选择"工具 | 栅格和捕捉 | 栅格和捕捉设置"命令，在弹出的"栅格和捕捉设置"对话框中选择"主栅格"选项卡，按如图 4-5 所示进行设置。

3）对主栅格进行网格的比例尺寸的定位，以便在后期游戏制作中更好地把握整个物体的比例关系，同时也便于进行物体的管理。方法：激活工具栏中的 按钮，然后单击该按钮，在弹出的"栅格和捕捉设置"对话框中选择"捕捉"选项卡，按如图 4-6 所示进行设置。

图 4-5　设置网格单位

图 4-6　设置捕捉参数

4）设置系统显示内置参数，这样可以在制作中看到更真实（无须通过渲染才能查看）的视觉效果。方法：选择菜单中"自定义 | 首选项"命令，弹出"首选项设置"对话框，单击"视口"选项卡，如图 4-7 所示；单击"显示驱动程序"选项组中的"选择驱动程序"按钮，再在弹出的对话框的下拉列表框中选择"旧版 OpenGL"选项，如图 4-8 所示，单击"确定"按钮，从而完成显示设置。接着单击"配置驱动程序"按钮，在弹出的"配置 OpenGL"对话框中保持默认参数，单击"确定"按钮。

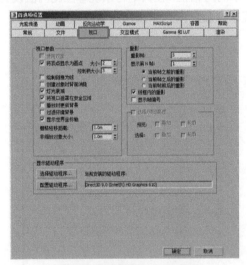

图 4-7　选择"视口"选项卡

图 4-8　选择"旧版 OpenGL"选项

4.2　制作建筑模型

根据设计要求，将模型进行规划并分为 3 个部分：主体建筑部分、附属建筑部分和建筑装饰。其中，主体建筑部分有地面、高台、地板。附属建筑部分有栏杆、帐篷、塔楼。建筑装饰有旗帜、灯笼、桌子等。下面首先来制作建筑的主体部分。

4.2.1　制作建筑主体模型

制作建筑主体模型的步骤如下：

1) 进入 3ds max 2016 操作界面。单击 ✳ （创建）面板下 ◎ （几何体）中的"长方体"按钮，然后在透视图中单击，在水平方向拖动来定义长方体的地面，再在垂直方向拖动来定义长方体的高度，接着右击结束创建。最后在 （修改）面板中设置模型的长度、宽度和高度分别为60、90 和 30，长度、宽度和高度分段数均为 1，如图 4-9 所示。

图 4-9　创建长方体

　　2）选择长方体，并在视图中右击，从弹出的快捷菜单中选择"转换为 | 转换为可编辑多边形"命令，将长方体转换为可编辑多边形物体。然后进入模型的 ■（多边形）层级，选择长方体底面的多边形，按〈Delete〉键将其删除（为节省资源），效果如图 4-10 所示。接着按快捷键〈Ctrl+V〉复制当前模型，在弹出的对话框中选择"复制"选项后，单击"确定"按钮，关闭对话框。最后利用工具栏中的 ☐（选择并均匀缩放）工具将新复制出的模型在垂直方向上压扁，在水平方向上适当放大，从而制作出模型的地面效果，如图 4-11 所示。

　　提示 1：在游戏制作中为了节省资源，通常要将看不到的多边形删除。

　　提示 2：为了便于区分长方体，可以将复制出的长方体赋予不同的颜色。

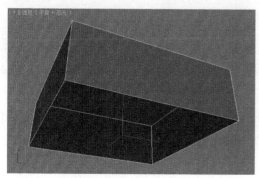

图 4-10　转换成可编辑多边形并删除底部的多边形

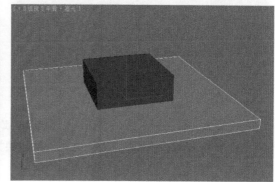

图 4-11　复制长方体作为地面

3) 将上面模型和底部与下面模型的顶部进行对齐。方法：选择下面的模型，然后单击工具栏中的 按钮后拾取上面的模型，接着在弹出的"对齐当前选择"对话框中修改选项，如图 4-12 中 A 所示。最后单击"确定"按钮，关闭对话框。效果如图 4-12 中 B 所示。

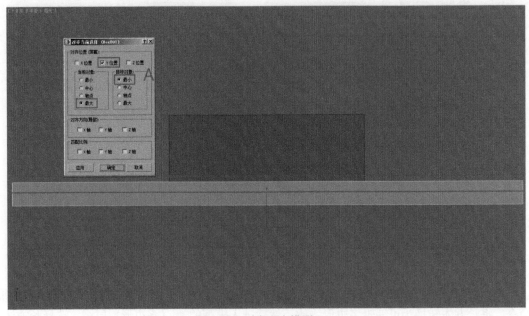

图 4-12　对齐两个模型

4) 选择上面的模型，按数字键〈4〉，进入模型的 层级，选择长方体上面的多边形，然后利用 沿着 X 轴和 Y 轴缩小，效果如图 4-13 所示。

5) 同理，将下面长方体顶部的多边形稍微缩小，效果如图 4-14 所示。

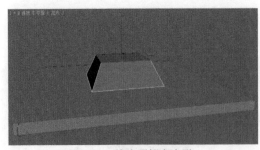

图 4-13　缩小顶部多边形

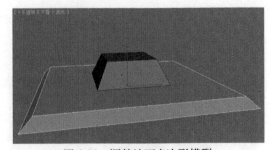

图 4-14　调整地面多边形模型

6) 再次创建一个长方体，利用 调整到适当大小，然后放到如图 4-15 所示的位置作为台子上面的地板，然后将其转换为可编辑多边形。

至此，建筑的主体部分就完成了。

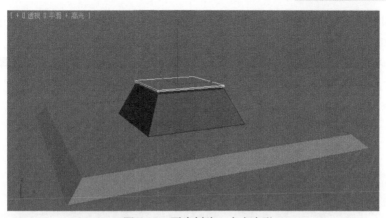

图 4-15　再次创建一个多边形

4.2.2　制作栏杆、帐篷与塔楼

制作栏杆、帐篷与塔楼的步骤如下：

1）单击 ![icon]（创建）面板下 ![icon]（几何体）的"平面"按钮，按〈F〉键，进入前视图模式，然后创建一个平面，设置其长度分段和宽度分段分别为"1"和"3"，效果如图 4-16 所示。接着右击将其转换为可编辑多边形物体，进入 ![icon]（顶点）层级，利用 ![icon]（选择并移动）工具调整顶点的位置，效果如图 4-17 所示。

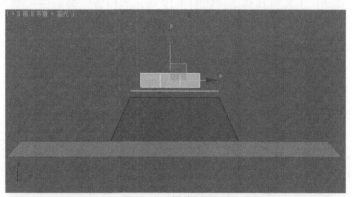

图 4-16　创建平面

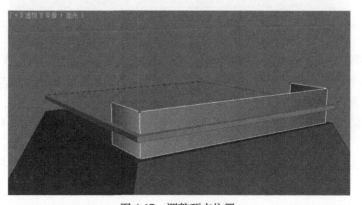

图 4-17　调整顶点位置

2）按住〈Shift〉键，利用 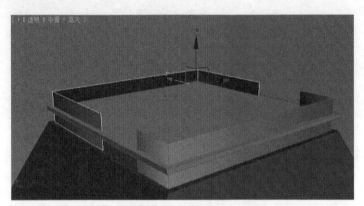（选择并移动）工具沿 Y 轴移动此平面，在弹出的对话框中选择"复制"选项，单击"确定"按钮从而复制出一个平面。然后选择复制出的平面，利用 （选择并旋转）工具将其沿 X 轴旋转 180°。接着进入 （顶点）层级，利用 （选择并移动）工具调整顶点位置，效果如图 4-18 所示。

图 4-18　复制平面并调整顶点位置

3）创建一个长方体，设置其长度分段、宽度分段和高度分段均为 1，然后将其转换为可编辑多边形物体。接着进入 （顶点）层级，利用 （选择并移动）工具调整长方体顶点位置，再利用 （选择并移动）工具将其移动到如图 4-19 所示的位置。最后进入 （多边形）层级，删除两头的多边形。

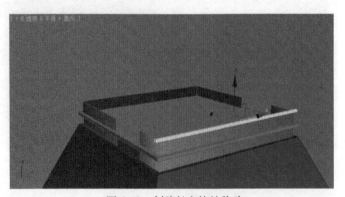

图 4-19　创建长方体并移动

4）选择此多边形物体，按住〈Shift〉键，利用 （选择并移动）工具沿 Y 轴移动此平面，在弹出的对话框中选择"复制"选项，单击"确定"按钮从而将其复制。然后利用 （选择并旋转）工具将复制出的物体沿水平方向旋转 90°，再进入 （顶点）层级，利用 （选择并移动）工具调整长方体顶点位置，最后利用 （选择并移动）工具将多边形移动到如图 4-20 所示的位置。

5）将复制出的长方体再次进行复制，并利用 （选择并移动）工具移动到如图 4-21 所示的位置。

图 4-20　复制长方体

图 4-21　制作另外一侧的护栏

6）利用这种方法将其余的护栏全部完成，效果如图 4-22 所示。

7）进一步完善，刻画四个角上的柱子，效果如图 4-23 所示。

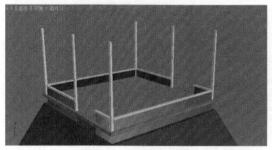

图 4-22　护栏模型效果

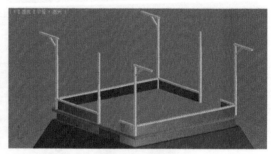

图 4-23　刻画细节

8）制作出左侧的阶梯。方法：选择如图 4-24 所示的长方体，按住〈Shift〉键，利用 ✛ （选择并移动）工具沿 X 轴移动此平面，在弹出的对话框中选择"复制"选项，单击"确定"按钮，从而将其复制。然后利用 ↻ （选择并旋转）工具将复制出的物体沿垂直方向旋转一定角度，并调整长方体的大小，如图 4-25 所示。

图 4-24　选取长方体

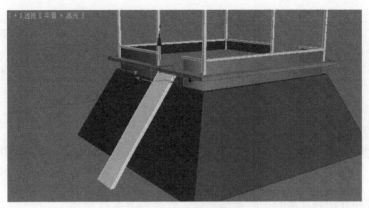

图 4-25　做出阶梯模型

9）利用复制的方法，制作出右侧的阶梯和周围一圈的支柱，效果如图 4-26 所示。

图 4-26　做出支柱模型

10）制作帐篷模型。方法：创建一个长方体，设置其长度分段、宽度分段和高度分段分别为"2""2"和"1"，然后将其转换为可编辑多边形物体，并删除底面的多边形。然后利用 ⊕（选择并移动）工具移动到如图 4-27 所示的位置。接着进入 ⋯（顶点）层级，利用 ⊕（选择并移动）工具调整长方体顶点的位置，使帐篷顶部产生弧度。效果如图 4-28 所示。

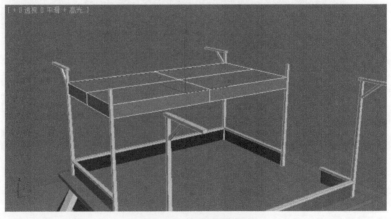

图 4-27　制作帐篷顶部

图 4-28　调整帐篷外形

11）再次创建一个长方体，设置其长度分段、宽度分段和高度分段分别为"2""3"和"2"，然后将其转换为可编辑多边形物体，并删除上、下和中间的多边形。然后利用 （选择并移动）工具移动到如图 4-29 所示的位置，从而制作出布帘的效果。

图 4-29　制作布帘模型

12）进入 （顶点）层级，利用 （选择并移动）工具调整长方体顶点位置，使布帘看起来更加自然，效果如图 4-30 所示。

13）制作瞭望塔。方法：创建一个长方体，设置其长度分段、宽度分段和高度分段均为1，然后将其转换为可编辑多边形物体。接着进入 （多边形）层级，删除上面和底面的多边形。最后进入 （顶点）层级，选择上面的 4 个顶点，利用 （选择并均匀缩放）工具将其缩小，再利用 （选择并移动）工具将整个长方体移动到如图 4-31 所示的位置。

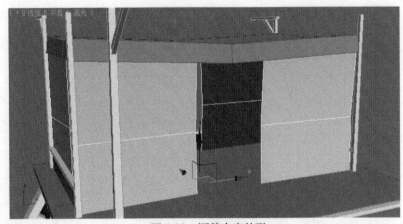

图 4-30　调整布帘外形

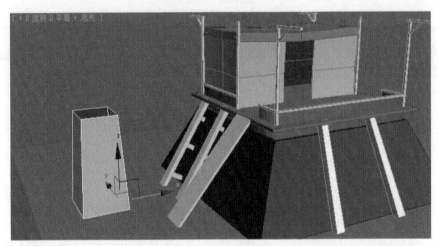

图 4-31　制作瞭望塔

14）利用制作主体模型中护栏的方法制作出瞭望塔的护栏，效果如图 4-32 所示。

15）选择全部瞭望塔的模型，复制出一个整体放到场景的右边，效果如图 4-33 所示。

图 4-32　制作瞭望塔的护栏

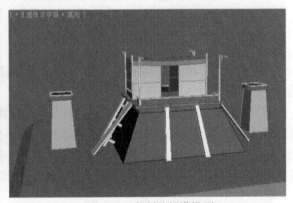

图 4-33　复制瞭望塔模型

至此，场景建筑部分制作完成。

4.3 制作建筑装饰物模型

建筑的装饰物能够说明建筑的功能、历史年代。例如，哨塔就需要兵器来做装饰。

4.3.1 制作灯笼模型

制作灯笼模型的步骤如下：

1）制作灯笼的基础模型。方法：单击 （创建）面板下 （几何体）中的"圆柱体"按钮，在透视图中建立一个圆柱体，然后在 （修改）面板中设置其长度分段、宽度分段和高度分段分别为"4""1"和"6"，如图 4-34 所示。接着在视图中右击，在弹出的快捷菜单中执行"转换为可编辑多边形"命令，将圆柱体转换为可编辑多边形物体。

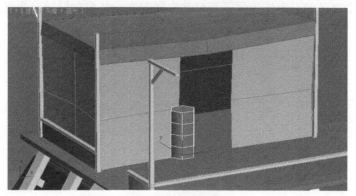

图 4-34 创建圆柱体

2）选择灯笼模型并右击，在弹出的快捷菜单中选择"孤立当前选择"命令，从而隐藏了除灯笼之外的其他物体。然后进入模型的 （边）层级，选择模型顶端和底端相应的边，利用 （选择并移动）工具在透视图将这些边沿 Z 轴分别向上、向下移动，如图 4-35 所示。接着选择模型的两端的两圈边，利用 （选择并均匀缩放）工具将这些边缩小，如图 4-36 所示。

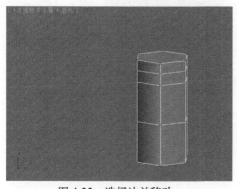

图 4-35 选择边并移动

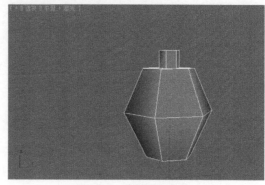

图 4-36 选择边并缩小

3）右击灯笼模型，从弹出的快捷菜单中选择"结束隔离"命令，从而将其他隐藏的部分显示出来。然后将已经制作好的灯笼复制出两个，垂直放置在如图 4-37 所示的位置。

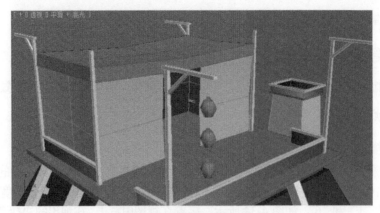

图 4-37 复制灯笼并放置

4) 创建两个交叉的平面作为绳子将灯笼串联起来, 并将它们转换为可编辑多边形物体, 如图 4-38 所示。

图 4-38 制作绳子

5) 选取灯笼串和绳子, 复制 3 次, 然后分别放置到余下的 3 个角上, 效果如图 4-39 所示。

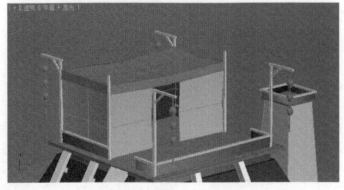

图 4-39 复制灯笼串和绳子

4.3.2 制作旗帜

制作旗帜的步骤如下:

1) 旗杆的制作。方法: 选择如图 4-40 所示的多边形物体, 按住〈Shift〉键, 利用 ⊹ (选择并移动）工具沿 Y 轴移动此物体，然后在弹出的对话框中选择"复制"选项，单击"确定"按钮，从而将其复制。接着进入模型的 ◁ （边）层级，调整模型外形，如图 4-41 所示。

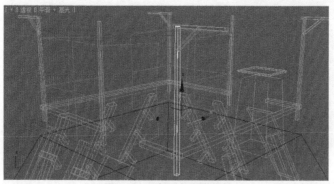

图 4-40　选择多边形物体

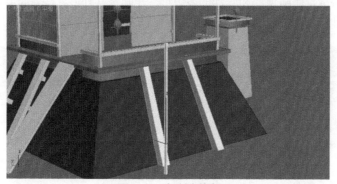

图 4-41　复制出旗杆

2）将复制出的旗杆模型再次复制两次，并利用 ⟳ （选择并旋转）工具将其水平翻转 90°，然后利用 ✛ （选择并移动）工具将其放置到如图 4-42 所示的位置。

图 4-42　复制出横向的旗杆

3）单击 ❄ （创建）面板下 ◯ （几何体）中的"平面"按钮，在前视图中建立一个平面，然后在 ◪ （修改）面板中设置其长度分段、宽度分段均为"1"，接着将其转换为可编辑多边形物体。最后进入 ◁ （边）层级调整到适当的大小，并利用 ✛ （选择并移动）工具放置到如图 4-43 所示的位置。

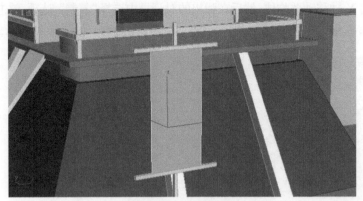

图 4-43　制作旗身

4）制作旗顶上枪头的红樱。方法：创建一个长方体，将其转换为可编辑多边形物体。然后进入 ■（多边形）层级，删除顶部和底部的多边形，并调整其外形。接着将其放置到如图 4-44 所示的位置，从而制作出旗顶上枪头的红樱。

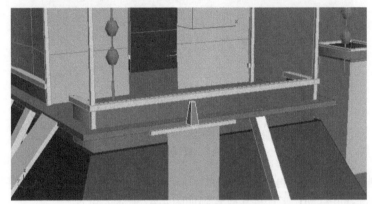

图 4-44　制作枪头的红樱

5）创建两个交叉的平面，然后将它们转换为可编辑多边形物体。接着将调整外形后的多边形物体放置到如图 4-45 所示的位置，从而制作出旗杆顶上的枪头。

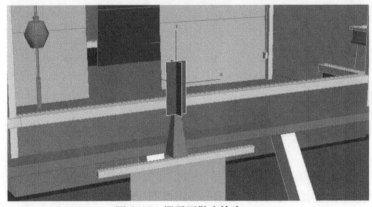

图 4-45　用平面做出枪头

6）选取全部的旗杆模型，复制出3个。然后将它们放置到建筑的四周，效果如图4-46和图4-47所示。

图4-46　正面效果

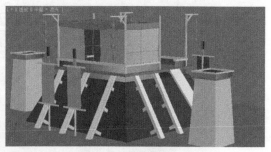
图4-47　背面效果

7）同理，制作出其他场景装饰物，完成的效果如图4-48、图4-49和图4-50所示。

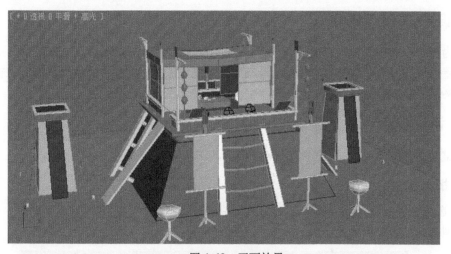
图4-48　正面效果

图4-49　背面效果

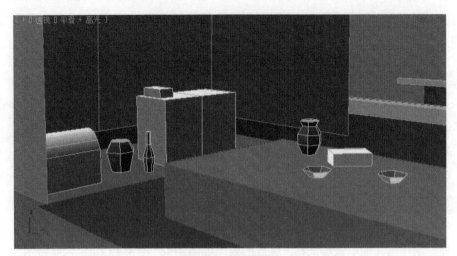

图 4-50　部分细节

4.4　调整模型与贴图

因为建筑中的模型相对来说比较简单，主要以方体为主，所以在绘制贴图之前，并没有必要去调整模型的 UV 贴图坐标。在贴图绘制完成后把贴图赋予模型，然后根据贴图在模型表面的显示来调整模型的贴图坐标，此时的调整会更直观，也会更快捷。

4.4.1　调整地面

调整地面分为指定 ID 号和编辑 UV 两部分。

1. 指定 ID 号

1）选择模型的地面部分并右击，然后从弹出的快捷菜单中执行"孤立当前选择"命令，将其他模型隐藏，如图 4-51 所示。

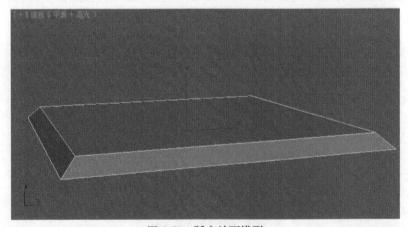

图 4-51　孤立地面模型

2）单击工具栏中的 （材质编辑器）按钮，进入材质编辑器。然后单击"Standard"按钮，在弹出的"材质 / 贴图浏览器"对话框中选择"多维 / 子对象"选项，如图 4-52 所示。

单击"确定"按钮,在弹出的"替换材质"对话框中保持默认的选项,如图 4-53 所示,单击"确定"按钮,进入"多维 / 子对象基本参数"设置面板。最后单击"参数设置"按钮,在"材质数量"文本框中设置材质数量为"2",如图 4-54 所示,结果如图 4-55 所示。最后单击 (将材质指定给选定对象)按钮,将材质指定给视图中的地表模型。

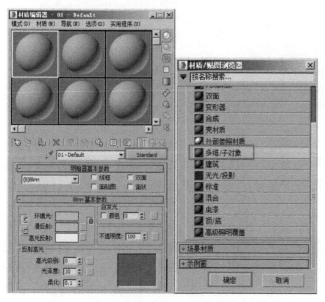

图 4-52 选择"多维 / 子对象"选项

图 4-53 保持默认的选项

图 4-54 材质数量为 2

图 4-55 材质数量为 2 时的参数面板

3)进入 (修改)面板的可编辑多边形的 ■(多边形)层级,分别给游戏场景各个不同的部分指定不同的光滑组和 ID 号。在此按照结构的变化设置地面的地表为"1"号,边缘为"2"号,为了便于区分,还可以将它们定义为不同的颜色。图 4-56 为指定"1"号材质 ID 的效果。

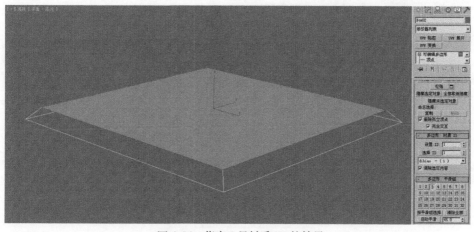

图 4-56 指定 1 号材质 ID 的效果

4)图 4-57 所示为指定给模型边缘 2 号材质 ID 的效果。在指定整个光滑组和 ID 号之后,就可以通过不同的 ID 直接选择物体的各个部分,同时也为后面的材质 UV 编辑提供了很好的辅助。

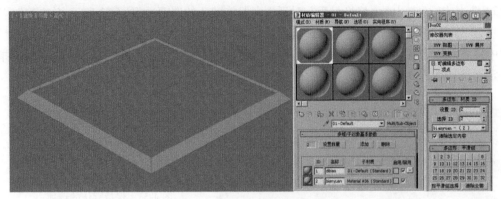

图 4-57　指定 2 号材质 ID 的效果

2. 编辑 UV

现在就开始对地面 UVW 的编辑，根据材质 ID 号的顺序来完成各个部分材质的绘制，这是制作整个游戏场景的关键。首先要把握整个游戏场景的氛围，完成基本材质的绘制工作。

1) 选中地面模型中的地表部分，确定材质 ID 号为"1"。然后进入材质编辑器，选中 1 号材质，单击如图 4-58 中 A 所示的▉按钮，打开"材质 / 贴图浏览器"对话框。接着双击"位图"按钮，如图 4-58 中 B 所示，单击"确定"按钮。最后在弹出的"选择位图图像文件"面板中找到"MAX 文件 \ 第 4 章 \ 贴图 \ dibiao.tga"文件，如图 4-58 中 C 所示，单击"打开"按钮。

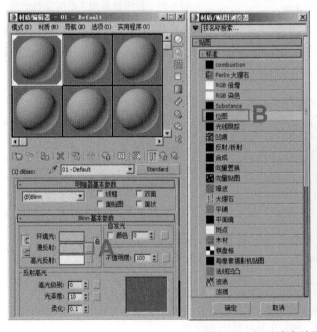

图 4-58　打开地表贴图

2) 单击▉（在视图中显示标准贴图）按钮，如图 4-59 所示，在视图的模型上显示出贴图效果，如图 4-60 所示。

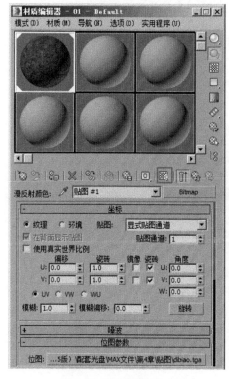

图 4-59　将贴图显示出来

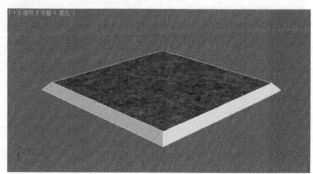

图 4-60　贴图显示效果

3）此时贴图显示的比例并不正确，还需要再调整 UVW 贴图坐标。方法：进入 ▨（修改）面板，执行修改器中的"UVW 贴图"命令，将其添加到修改器中，然后选择"平面"选项，如图 4-61 所示。

图 4-61　添加基本贴图坐标

4）执行修改器列表中的"UVW 展开"命令，将其添加到修改器中，如图 4-62 中 A 所示。然后单击"打开 UV 编辑器"按钮，如图 4-62 中 B 所示，打开"编辑 UVW"面板，如图 4-62 中 C 所示。

提示：调节贴图坐标的主要工作都要在"编辑 UVW"面板中完成。

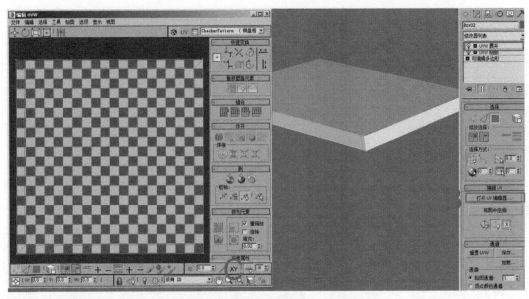

图 4-62 添加 "UVW 展开" 修改器

5）在 "编辑 UVW" 面板中，选择地表的所有坐标，然后利用 "编辑 UVW" 面板工具栏中的 ▣（缩放选定的子对象）工具将整个坐标成比例放大，直到贴图的比例合适为止，如图 4-63 所示，此时贴图效果如图 4-64 所示。

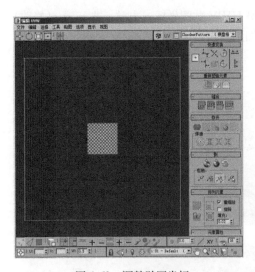

图 4-63 调整贴图坐标

图 4-64 贴图效果

6）在修改器中右击，从弹出的快捷菜单中选择 "塌陷全部" 命令，将修改器中的命令全部合并。

7）选中地面模型中的边缘部分，确定材质 ID 号为 "2"，进入材质编辑器，将 2 号材质球赋予模型，并显示出贴图来，效果如图 4-65 所示。

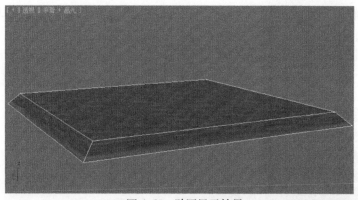

图 4-65　贴图显示效果

8）进入 ⟨修改⟩ 面板，执行修改器中的"UVW 贴图"命令，将其添加到修改器中，如图 4-66 中 A 所示。然后选择"长方体"选项，如图 4-66 中 B 所示。

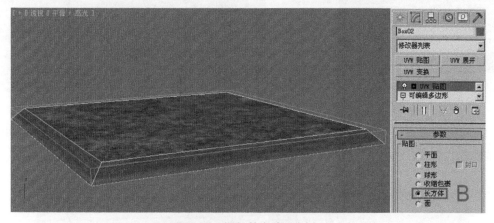

图 4-65　添加基本贴图坐标

9）执行修改器列表中的"UVW 展开"命令，将其添加到修改器中。然后单击"打开 UV 编辑器"按钮，打开"编辑 UVW"面板，如图 4-67 所示。

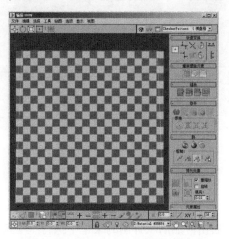

图 4-67　添加"UVW 展开"修改器

10) 在"编辑 UVW"面板中，选择边缘的所有坐标，然后利用"编辑 UVW"面板工具栏中的 ⊡ （自由形式模式）工具将整个坐标拉长，直到贴图的比例合适为止，如图 4-67 所示，此时贴图效果如图 4-69 所示。

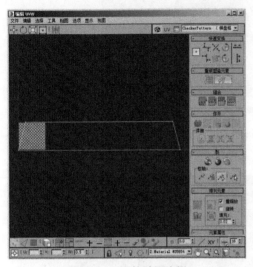

图 4-68　调整贴图比例

图 4-69　贴图效果图

11) 在修改器中右击，从弹出的快捷菜单中选择"塌陷全部"命令，然后退出孤立模式，将其他隐藏的部分显示出来，效果如图 4-70 所示。

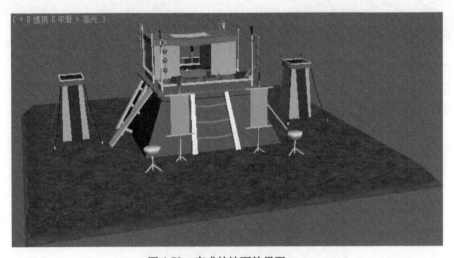

图 4-70　完成的地面效果图

4.4.2　调整建筑

调整建筑的步骤如下：

1) 选择模型的石台部分并右击，然后从弹出的菜单中执行"孤立当前选择"命令，将其他模型隐藏，如图 4-71 所示。

3ds max + Photoshop

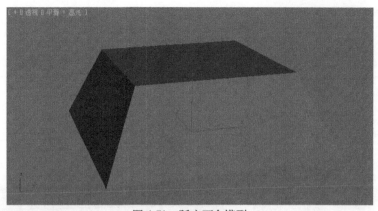

图 4-71 孤立石台模型

2）单击工具栏中的 ![icon]（材质编辑器）按钮，进入材质编辑器。选择一个新的材质球，然后单击如图 4-72 中 A 所示的 ![icon] 按钮，打开"材质 / 贴图浏览器"对话框。接着双击"位图"按钮，如图 4-72 中 B 所示，单击"确定"按钮。最后在弹出的"选择位图图像文件"对话框中找到刚才保存的"MAX 文件 \ 第 4 章 \ 贴图 \ shitai.tga"文件，如图 4-73 所示，单击"打开"按钮。

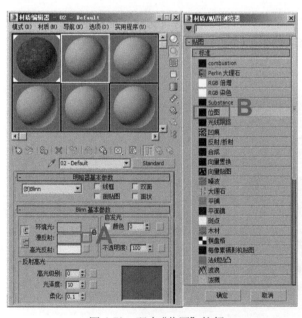

图 4-72 双击"位图"按钮

图 4-73 选择"shitai.tga"文件

3）单击 ![icon]（将材质指定给选定对象）按钮，如图 4-74 中 A 所示，将材质指定给地表模型。然后单击 ![icon]（在视图中显示标准贴图）按钮，如图 4-74 中 B 所示，在视图中显示出贴图效果，如图 4-75 所示。

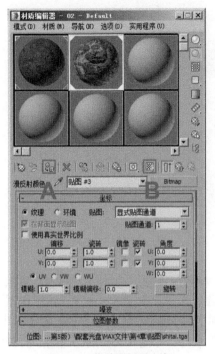

图 4-74　将贴图显示出来

图 4-75　显示贴图效果

4）此时贴图比例是不对的，需要调整贴图坐标。方法：在 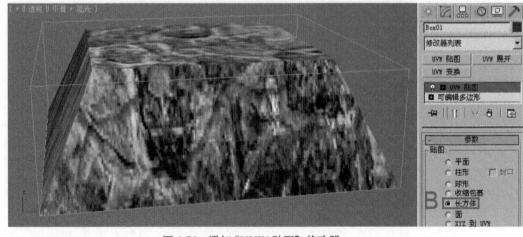（修改）面板的修改器列表中选择"UVW 贴图"修改器，将其添加到修改器中，如图 4-76 中 A 所示。然后选中"长方体"单选按钮，如图 4-76 中 B 所示。

图 4-76　添加"UVW 贴图"修改器

5）在 （修改）面板的修改器列表中选择"UVW 展开"修改器，将其添加到修改器中。然后单击"打开 UV 编辑器"按钮，进入"编辑 UVW 面板"。接着进入 （多边形子对象模式）层级，利用工具将所有的面各个分离出来，并将相同材质的面叠加在一起，然后将它们缩放到适当的大小，效果如图 4-77 所示，贴图效果如图 4-78 所示。

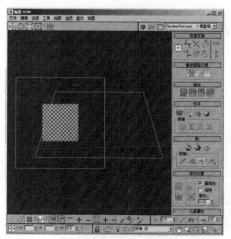

图 4-77　调整贴图坐标　　　　　　　　　　　图 4-78　贴图效果

6）右击修改器堆栈，从弹出的快捷菜单中选择"塌陷全部"命令。然后右击视图中的模型，从弹出的快捷菜单中选择"结束隔离"命令，退出孤立模式，效果如图 4-79 所示。

图 4-79　完成后的效果图

4.4.3　调整栏杆

本小节为本章重点，主要讲解利用透明贴图来制作一些贴图。

1）启动 Photoshop CS5 软件，打开"MAX 文件 \ 第 4 章 \ 贴图 \ langan.jpg"文件，如图 4-80 所示。

2）选择工具中的 （魔棒工具）选取贴图中的背景部分，如果有的背景没有被选上。可以配合〈Shift〉键添加选区，直到背景部分完全被选择为止，如图 4-81 所示。然后按快捷键〈Shift+Ctrl+I〉，反向选择选区，如图 4-82 所示。

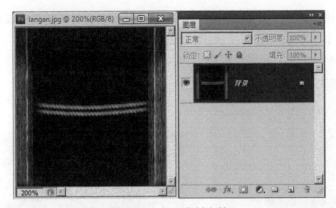

图 4-80　打开素材文件

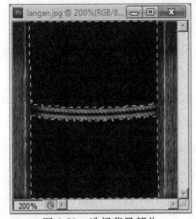

图 4-81　选择背景部分

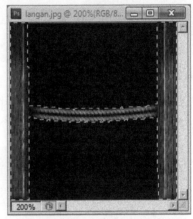

图 4-82　反选选区

3）打开通道面板，然后单击面板下方的 （将选区存储为通道）按钮，将刚才选择的树木选区存储为"Alpha 1"通道，如图 4-83 所示。

提示：在贴图赋予模型后，将要用这个通道来控制贴图的不透明度。

4）按快捷键〈Shift+Ctrl+S〉，将贴图存储为"langan.tga"文件，存储时，在弹出的"Targa选项"面板中选择"32 位 / 像素"选项，如图 4-84 所示，单击"确定"按钮。

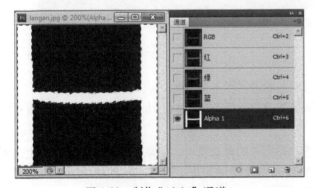

图 4-83　制作"Alpha"通道

图 4-84　保存 Targa 文件时的选项

5）切换到 3ds max 2016 软件，在视图中选取栏杆模型并右击，在弹出的快捷菜单中执行"孤立当前选择"命令，将其他模型隐藏。然后按〈M〉键，调出材质编辑器，接着选择一个空白的材质球，单击"漫反射"贴图通道右边的按钮，如图 4-85 中 A 所示，在弹出的"材质 / 贴图浏览器"对话框中双击"位图"按钮，如图 4-85 所示中 B 所示，单击"确定"按钮。最后在弹出的"选择位图图像文件"对话框中找到刚才保存的"MAX 文件 \ 第 4 章 \ 贴图 \ langan.tga"文件，如图 4-86 所示，单击"打开"按钮。

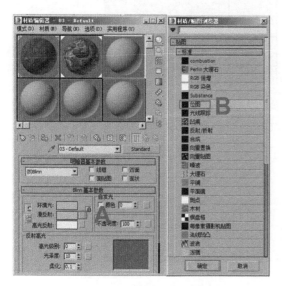

图 4-85　双击"位图"按钮

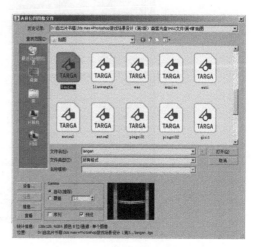

图 4-86　选择"langan.tga"文件

6）单击材质编辑器中的 ![icon]（将材质指定给选定对象）按钮，将材质赋予模型，然后利用前面的方法，调整贴图坐标，效果如图 4-87 所示。

图 4-87　将贴图赋予模型并调整

7）现在模型上有了贴图，但是贴图并不是透明的，下面就来做贴图的透明效果。方法：选中"双面"复选框，如图4-88中A所示。然后拖动图4-88中的B到C，接着在弹出的"复制（实例）贴图"对话框中单击"复制"选项，如图4-88中D所示。这样材质的"不透明"通道和"漫反射颜色"通道就被添加了同样一张"32位/像素"的tga贴图，如图4-88中E所示。

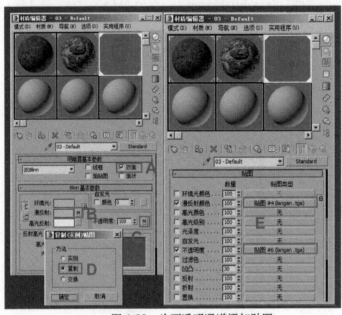

图4-88 为不透明通道添加贴图

8）单击不透明通道右边的贴图按钮，如图4-89中A所示，然后在打开的位图参数面板中单击"单通道输出"选项组中的"Alpha"，如图4-89中B所示。

9）在左上方视图名称上右击，然后在弹出的快捷菜单中选择"透明/最佳"选项，效果如图4-90所示。

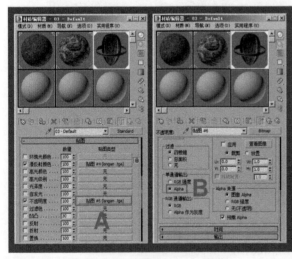

图4-89 设置"Alpha"通道

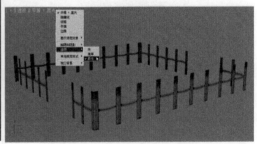

图4-90 栏杆的最终效果图

10）将此贴图赋予瞭望塔上的栏杆模型，并进行贴图坐标调整，效果如图 4-91 所示。

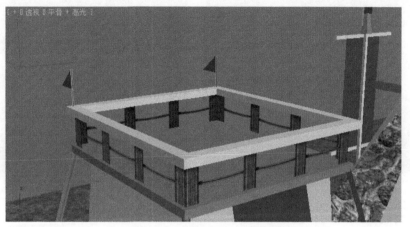

图 4-91　瞭望塔上的栏杆效果图

4.4.4　调整其他部分

对其他部分进行调整的步骤如下：

1）同理，利用透明贴图制作剩余的帐篷、兵器、梯子等，完成的效果如图 4-92 所示。

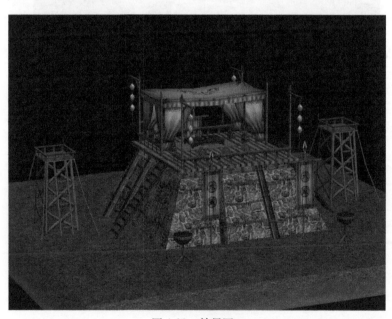

图 4-92　效果图

2）在场景中添加天空环境作为装饰，完成最后效果图如图 4-93 和图 4-94 所示。

提示：游戏室外场景中的灯光是在引擎中完成的，因此在 3ds max 中不需要设置灯光。

图 4-93　最终效果图 1

图 4-94　最终效果图 2

4.5　课后练习

　　运用本章所学的知识制作图 4-95 所示的庭院效果。参数可参考"课后练习\第 4 章\tingyuan.®®zip"文件。

图 4-95　操作题的效果图

第 5 章　游戏室外场景制作 2——太极殿

本章讲解的是 2D 网页游戏中大型室外场景——太极殿的制作方法。本例效果图如图 5-1 所示。通过本章的学习，读者应掌握 2D 网页游戏场景的建模方法和美术表现技巧，并加深对游戏场景制作的理解。

图 5-1　太极殿效果图

在制作场景之前要对原画设定（本例原画设定为网盘中的"MAX 文件\第 5 章\原画\太极殿原画 .jpg"，如图 5-2 所示）进行分析，了解制作目的，然后确定场景基本主体的比例结构，再按照从整体到局部、再到细节的思路完成制作。

图 5-2　原画设定

本例制作的是 2D 网页游戏中的场景，由于 2D 游戏视角固定的特点，所以场景中的建筑只有一个固定视角，无法看到建筑物的全部。为了提高制作效率，在制作过程中会忽略看不到的建筑部分，即无须完整地制作出来。

现在就开始运用一个标准的项目需求文档进入生产流程的制作讲解。

《太极殿》——描述文档

名称：太极殿。

用途：游戏中剧情场景，用于玩家与 NPC 交流。

简介：建筑风格为古代中式建筑，玩家可以到这里触发游戏任务。

内部细节：添加太极图、香炉、石碑、香炉细节等，突出建筑的作用。

接下来就开始进入正式的制作流程环节。

5.1 进行单位设置

在制作游戏场景之前，要根据项目要求来设置软件的系统参数，包括单位尺寸、网格大小、坐标点的定位等。不同的游戏项目对系统参数有着不同的要求。本例使用的是游戏开发中比较通用的设置方法。

1）进入 3ds max 2016 操作界面，然后选择菜单中的"自定义 | 单位设置"命令，在弹出的 "单位设置"对话框中选择"公制"单选按钮，再从下拉列表框中选择"米"选项，如图 5-3 所示。接着单击"系统单位设置"按钮，在弹出的图 5-4 所示的对话框中将系统单位比例值设为"1 单位 =1.0 米"，单击"确定"按钮，从而完成系统单位设置。

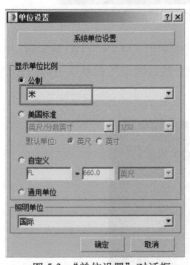

图 5-3 "单位设置"对话框

图 5-4 设置系统单位

2）对网格单位进行设置，以便结合单位尺寸来定制操作平面的比例。方法：选择"工具 | 栅格和捕捉 | 栅格和捕捉设置"命令，在弹出的"栅格和捕捉设置"对话框中选择"主栅格"选项卡，设置如图 5-5 所示。

3）对主栅格进行网格的比例尺寸定位，以便在后期游戏制作中更好地把握整个物体的比例关系，同时也便于进行物件的管理。方法：激活工具栏中的  按钮，然后单击该按钮，在弹出的"栅格和捕捉设置"对话框中选择"捕捉"选项卡，设置如图 5-6 所示。

图 5-5　设置网格单位

图 5-6　设置捕捉参数

4）设置系统显示内置参数，这样可以在制作中看到更真实（无须通过渲染才能查看）的视觉效果。方法：选择菜单中"自定义 | 首选项"命令，弹出"首选项设置"对话框，单击"视口"选项卡，如图 5-7 所示，然后单击"显示驱动程序"选项组中的"选择驱动程序"按钮，再在弹出的对话框的下拉列表框中选择"旧版 OpenGL"选项，如图 5-8 所示，单击"确定"按钮，从而完成显示设置。接着单击"配置驱动程序"按钮，在弹出的"配置OpenGL"对话框中保持默认参数，单击"确定"按钮。

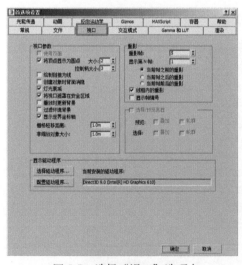

图 5-7　选择"视口"选项卡

图 5-8　选择"旧版 OpenGL"

5.2　制作太极殿模型

根据设计要求，将模型划分为 3 部分：主体建筑部分、附属建筑部分和装饰物件。附属建筑部分包括瓦片、方立柱、圆柱、楼梯等结构。装饰物件有盆景、水缸、香炉、石碑等结构。下面首先来制作主体建筑部分。

5.2.1　制作基础场景模型

为了保证场景建筑结构和比例的正确性，首先要使用标准几何体来搭建一个透视准确的基础场景，然后以此为参照标准制作出真实的模型，替换掉基础场景。

1）搭建圆形广场的地面。方法：打开 3ds max 2016 软件，单击 ❋（创建）面板下 ◯（几何体）中的"圆柱体"按钮，在顶视图中创建一个圆柱体，然后设置其半径、高度、高度分段、端面分段和边数分别为"50m""5m""1""1"和"32"，如图 5-9 所示。把圆柱体的坐标调整为（0，0，0），如图 5-10 所示。

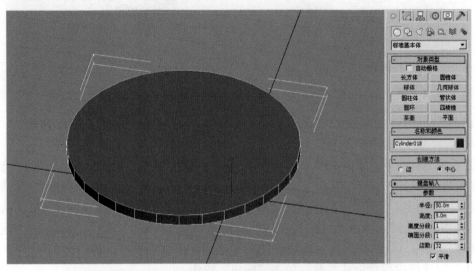

图 5-9　创建圆柱体

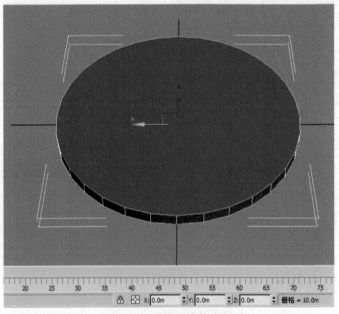

图 5-10　调整圆柱体坐标

2）选择圆柱体，按〈M〉键打开材质编辑器，然后选择一个默认材质球，再单击 ▒▒（将材质指定给选定对象）按钮，从而给圆柱体指定一个默认材质，如图 5-11 所示。接着选择圆柱体，并在视图中右击，从弹出的快捷菜单中选择"转换为 | 转换为可编辑多边形"命令，将圆柱体转换为可编辑多边形。

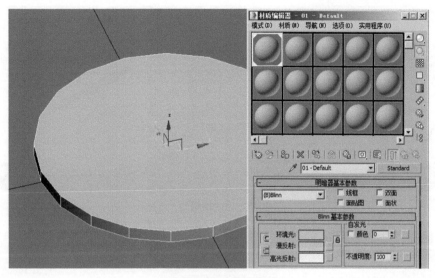

图5-11 指定默认材质

3）搭建主殿地基。方法：单击 ※（创建）面板下 ○（几何体）中的"长方体"按钮，在顶视图中创建一个长方体，再设置长方体的长、宽和高的分段值均为"1"，然后选择长方体，并在视图中右击，从弹出的快捷菜单中选择"转换为|转换为可编辑多边形"命令，将长方体转换为可编辑多边形。接着进入 ∴（顶点）层级，使用 ✛（选择并移动）工具和 ⊡（选择并均匀缩放）工具调整长方体的造型和位置，如图5-12所示。

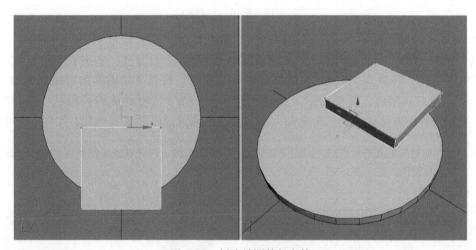

图5-12 创建并调整长方体

4）进入 ◁（边）层级，选择长方体横向的所有边，如图5-13中A所示，然后单击右键菜单中的"连接"命令前方的按钮，在弹出的"连接边"对话框中设置"分段"和"收缩"的参数值，在方柱上细分出两条边，如图5-13中B所示。接着进入 ■（多边形）层级选择前方中间的多边形，再选择右键菜单中的"挤出"命令，向前方挤出一段结构，制作出太极殿主殿的地基，如图5-14中A所示。同理，制作出地基后方对称的结构，如图5-14中B所示。

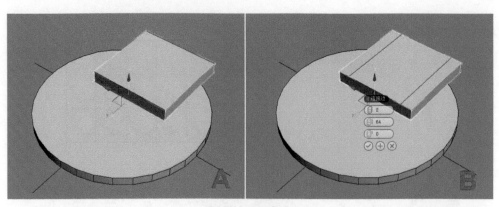

图 5-13　连接边

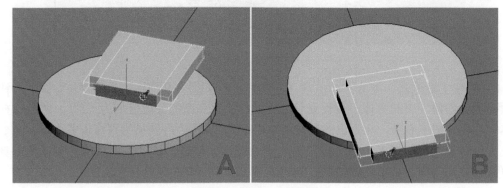

图 5-14　挤出一段结构

5）同理，挤出主殿两侧地基的结构，效果如图 5-15 所示。然后单击 ✳ （创建）面板下 ◎ （几何体）中的"长方体"按钮，在透视图中创建一个长方体。右击长方体，从弹出的快捷菜单中选择"转换为|转换为可编辑多边形"命令，将长方体转换为可编辑多边形。接着进入 ⬚ （顶点）层级，再使用 ✛ （选择并移动）、 ⟳ （选择并旋转）和 ▣ （选择并均匀缩放）工具调整长方体的位置、角度和大小，制作出偏殿地基的基本结构，如图 5-16 所示。

提示：因为偏殿的地基是对称的，因此只要制作出一侧的偏殿，再将其镜像复制到另外一侧即可，无须重复制作。

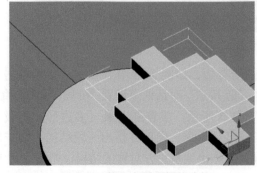

图 5-15　挤出主殿两侧的地基

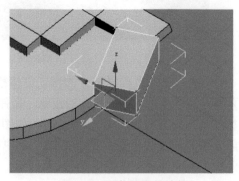

图 5-16　制作偏殿的地基

6）单击 ✳（创建）面板下 ◯（几何体）中的"长方体"按钮，在透视图中创建一个长方体，再将长方体转换为可编辑多边形。然后进入 ⫶（顶点）层级，再使用 ✥（选择并移动）和 ▣（选择并均匀缩放）工具调整长方体的位置、大小，制作出第1层主殿的基本结构，如图5-17所示。接着再次单击 ⫶（顶点）按钮，退出"顶点"层级。

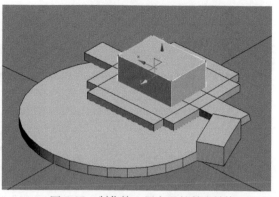

图5-17　制作第1层主殿的基本结构

7）按住〈Shift〉键的同时使用 ✥（选择并移动）工具拖动第1层主殿模型，并在弹出的对话框中选择"复制"单选按钮，再单击"确定"按钮复制模型，如图5-18所示。然后进入 ⫶（顶点）层级，使用 ✥（选择并移动）和 ▣（选择并均匀缩放）工具调整复制模型的结构，制作出瓦片的基本造型，效果如图5-19所示。

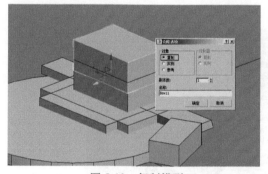

图5-18　复制模型

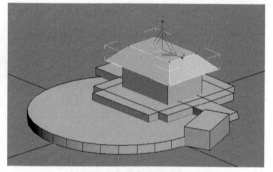

图5-19　制作瓦片的基本造型

8）同理，制作第2层主殿和瓦片及偏殿的基本结构，效果如图5-20和图5-21所示。

提示：基础场景制作具体方法详见网盘中的"视频教程\第5章 游戏室外场景制作——太极殿\基础模型制作.avi"视频文件。

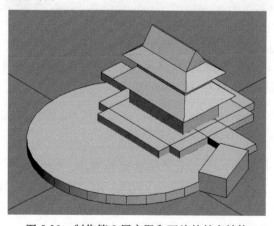

图5-20　制作第2层主殿和瓦片的基本结构

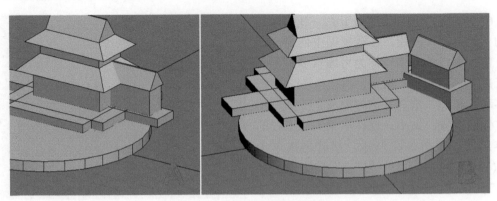

图 5-21　制作偏殿的基本结构

5.2.2　制作主体建筑

在基础场景模型的基础上，接下来制作主体建筑的高面模型。

1）制作广场地面的模型。为了便于观察和操作，首先隐藏暂时不需要的模型。方法：选择除地面和主地基之外的所有模型，右击，然后从弹出的快捷菜单中选择"隐藏选定对象"命令，如图 5-22 所示，将模型隐藏。

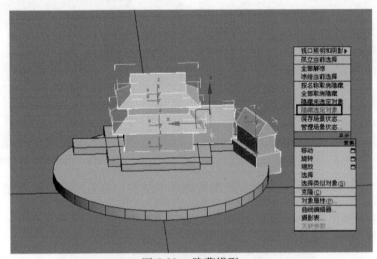

图 5-22　隐藏模型

2）单击 面板下 中的"长方体"按钮，在顶视图中创建一个长方体。然后设置长方体的长、宽和高为（100，100，1），分段值为（15，15，1），如图 5-23 所示。接着把长方体的坐标调整为（0，0，0）。

　　提示：前面创建的圆柱体的坐标为（0，0，0），此时把长方体的坐标也调整为（0，0，0），是为了两者能够相交在一起，以便后面进行布尔运算。

3）使用 工具沿 Z 轴移动长方体，位置如图 5-24 中 A 所示，然后选择长方体，再单击 面板下 中"复合对象"列表内的"布尔"按钮，接着单击"拾取操作对象 B"按钮，如图 5-24 中 B 所示。最后单击视图中的圆柱体，按〈Delete〉键删除原有的圆柱体，效果如图 5-24 中 C 所示。

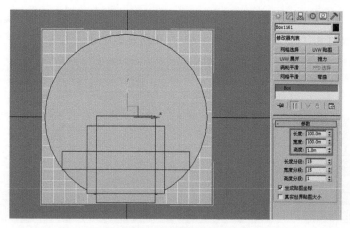

图 5-23　创建长方体

图 5-24　执行布尔运算

4）塌陷布尔对象为可编辑多边形。方法：在命令面板中右击"布尔"，然后从弹出的快捷菜单中选择"可编辑多边形"命令，如图 5-25 所示，即可将布尔对象转换为可编辑多边形。

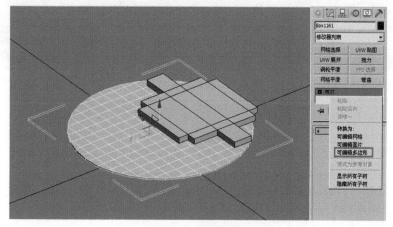

图 5-25　塌陷布尔对象

5）进入■（多边形）层级，然后选择圆柱体底面和侧面的多边形，如图 5-26 中 A 所示，按〈Delete〉键进行删除。接着进入◿（边）层级，选择圆柱体表面的所有边，再单击右键菜单中的"切角"命令前面的■按钮，在弹出的"切角"对话框中设置"边切角量"和"连接边分段"的参数值为（0.5，1），如图 5-26 中 B 所示，单击☑按钮，为模型添加切角效果。

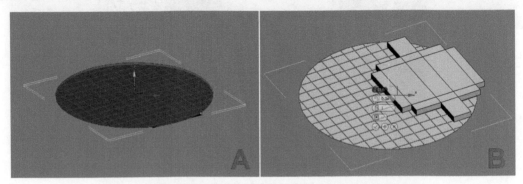

图 5-26　删除圆柱体底面和侧面并为剩余的模型添加切角效果

6）进入■（多边形）层级，按住〈Ctrl〉键加选多边形，如图 5-27 中 A 所示。再单击右键菜单中"挤出"命令前方的■按钮，在弹出的"挤出多边形"对话框中设置"高度"值为 0.15，将选择的多边形以"组"的方式沿 Z 轴向上挤出厚度，效果如图 5-27 中 B 所示。然后保持多边形的选择状态，按住〈Ctrl〉键的同时，单击◁（边）层级，从而将被选择的所有多边形切换为边状态，如图 5-28 中 A 所示，接着单击右键菜单中"切角"命令前方的■按钮，在弹出的"切角"对话框中设置"边切角量"和"连接边分段"的参数值为（0.07，1），如图 5-28 中 B 所示，单击☑按钮，为模型添加切角效果。

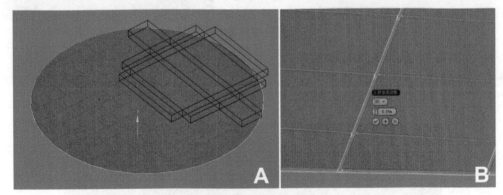

图 5-27　挤出石板的厚度

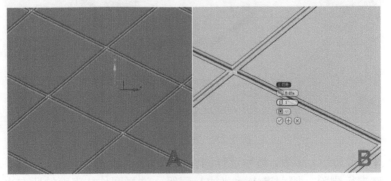

图 5-28　为石板添加切角效果

提示：多边形被选择时显示为红色，如果在建模过程中不方便观察，可以按〈F2〉键切换多边形的显示效果为红色线框模式。

7）制作地面环形石台。方法：单击 ✳ （创建）面板下 ◯ （几何体）中的"管状体"按钮，在顶视图中创建一个管状体，然后设置其半径1、半径2、高度、高度分段、端面分段和边数分别为"51""41""5""1""1"和"3"，切片位置为（0，−7.5），如图5-29所示。接着把管状体的坐标调整为（0，0，0），最后把管状体转换为可编辑多边形。

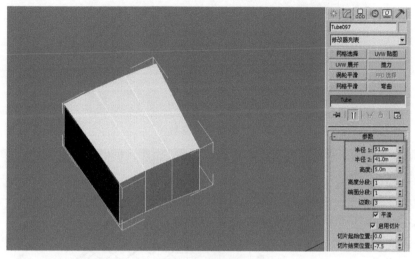

图5-29　创建管状体

8）进入 ◁ （边）层级，按住〈Ctrl〉键的同时，单击 ⬚ （修改）面板中"编辑边"卷展栏下的"移除"按钮，从而去除管状体中间的两圈边，如图5-30中A所示。然后选择管状体的所有边，单击右键菜单中"切角"前方的 ■ 按钮，在弹出的"切角"对话框中设置"切角边量"和"连接边分段"的参数值为"0.02"和"1"，如图5-30中B所示，单击 ✅ 按钮，从而为模型添加倒角效果。接着退出"边"层级。

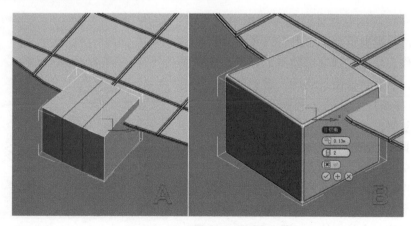

图5-30　为管状体添加倒角效果

9）激活 ⬚ （角度捕捉切换）按钮，再右击该按钮，在弹出的对话框中设置"角度"值为7.5，如图5-31所示。然后在按住〈Shift〉键的同时，使用 ↻ （选择并旋转）工具旋转管状体模型，接着在弹出的对话框中选择"复制"单选按钮，并将"副本数"设置为47，如图5-32中A所示，单击"确定"按钮，从而复制出47个管状体模型，如图5-32中B所示。

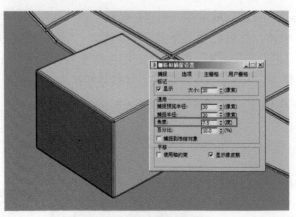

图5-31　设置角度参数

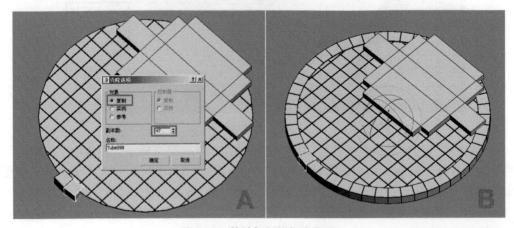

图5-32　旋转复制管状体模型

10）选中所有的管状体，选择菜单中的"组｜成组"命令，将模型组合，如图5-33所示。

11）制作石块的纹理交错效果。方法：选择成组后的模型，然后在按住〈Shift〉键的同时，使用 ✛（选择并移动）工具沿Z轴向下移动管状体模型组，从而复制出一个模型组。接着使用 ⟳（选择并旋转）工具适当旋转管状体模型组，从而制作出石块的纹理交错效果，如图5-34所示。

12）制作主殿地基的地砖。方法：单击 ✱（创建）面板下 ◯（几何体）中的"长方体"按钮，在透视图中创建一个长方体，如图5-35中A所示。再将长方体转换为可编辑多边形。然后进入 ⬚（顶点）层级，参照原画，使用 ✛（选择并移动）和 ⬚（选择并均匀缩放）工具调整长方体的

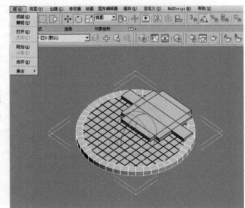

图5-33　组合模型

大小，接着进入 （边）层级，选择长方体的所有边，再单击右键菜单中"切角"前方的按钮，并在弹出的"切角"对话框中设置"切角边量"和"连接边分段"的参数值为"0.15"和"1"，为长方体添加倒角效果，从而制作出主殿地砖的模型，如图5-35中B所示。

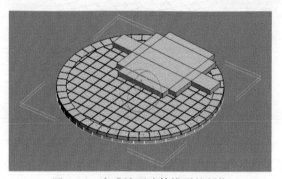

图5-34　完成地面建筑模型的制作

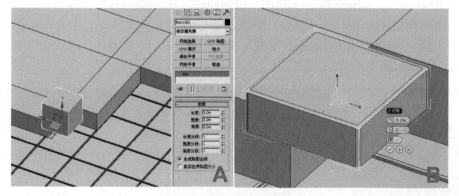

图5-35　制作主殿地砖模型

13）制作主殿第1层地砖。方法：在按住〈Shift〉键的同时，使用 （选择并移动）工具移动地砖模型，然后在弹出的"克隆选项"对话框中选择"复制"单选按钮，并将"副本数"设置为9，如图5-36中A所示，单击"确定"按钮，从而复制出9个地砖模型。接着参照原画，使用 （选择并移动）和 （选择并均匀缩放）工具调整地砖的大小和位置，如图5-36中B所示。最后依次复制出主殿第1层的所有地砖，如图5-37所示。

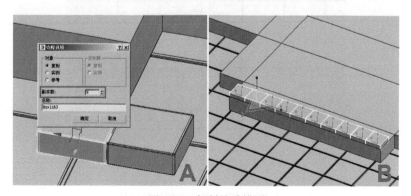

图5-36　复制地砖模型

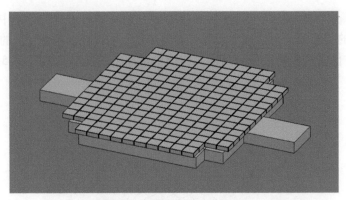

图 5-37　制作第 1 层地砖效果

14）选择一块地砖，然后单击右键菜单中"附加"命令前方的按钮，在弹出的对话框中选择其余地砖，如图 5-38 中 A 所示，再单击"附加"按钮，从而将所有地砖模型进行合并，如图 5-38 中 B 所示。接着在按住〈Shift〉键的同时，使用 ⊹（选择并移动）工具拖动复制出第 2 层地砖模型，再进入 ⁘（顶点）层级，使用 ⊹（选择并移动）工具调整第 2 层地砖的结构和位置，制作出地砖不规则的排列效果，如图 5-39 中 A 所示。同理制作出第 3 层地砖的模型，效果如图 5-39 中 B 所示。

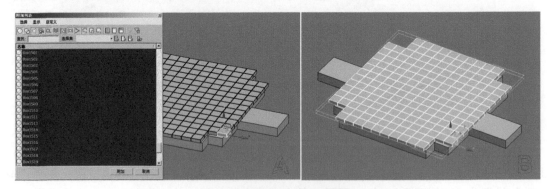

图 5-38　合并第 1 层地砖模型

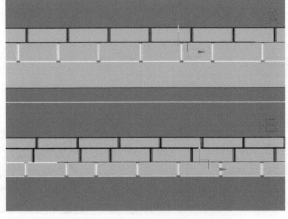

图 5-39　制作出其余两层地砖模型

15）制作主殿两侧的地基。方法：选择第1层地基模型，执行右键菜单中"附加"命令，然后在第2、3层地基模型上依次单击，将三层地基合并。接着进入 ▣（元素）层级，选择地基模型的部分元素，如图5-40中A所示，在按住〈Shift〉键的同时，使用 ✛（选择并移动）工具拖动，并在弹出的对话框中选择"克隆到对象"单选按钮，如图5-40中B所示，从而复制出侧面地基。最后进入 ∴（顶点）层级，使用 ✛（选择并移动）工具调整侧面地基的造型，如图5-41中A所示。同理，制作出偏殿的地基，如图5-41中B所示。至此，主体建筑的模型制作完毕。文件可参照网盘中的"MAX文件 \ 第5章 \MAX场景文件 \ 太极殿主体建筑 .max"文件。

提示：主体建筑具体制作方法详见网盘中的"视频教程 \ 第5章 游戏室外场景制作——太极殿 \ 主体建筑制作 .avi"视频文件。

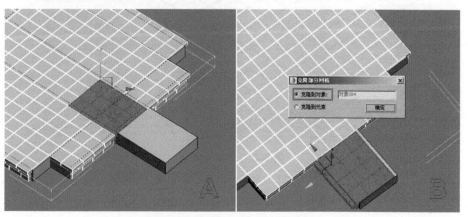

图5-40 复制出侧面地基的元素

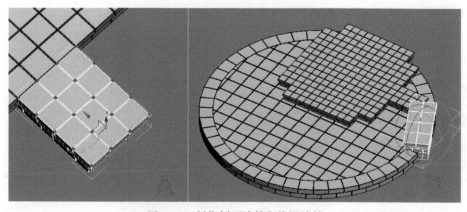

图5-41 制作侧面地基和偏殿地基

5.2.3 制作附属建筑

附属建筑包括大殿、偏殿、台阶和栏杆等建筑物件。下面重点讲解大殿整体结构的制作。

1. 制作大殿主体

1）制作主殿的大立柱。方法：单击 ❋（创建）面板下 ◯（几何体）中的"长方体"按钮，在透视图中创建一个长方体。然后在 ◿（修改）面板中设置模型的长、宽和高的值分

别为1.4、1.4、20，再把长、宽和高分段数均设为1，如图5-42所示。接着右击视图中的长方体，从弹出的快捷菜单中选择"转换为 | 转换为可编辑多边形"命令，将长方体转换为可编辑多边形。

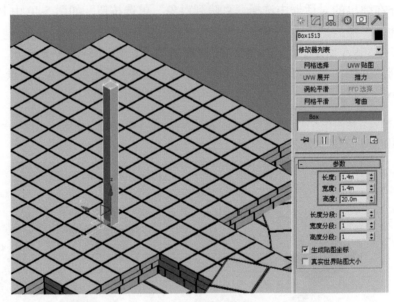

图5-42　创建长方体

2）进入 ◁（边）层级，再选择长方体的侧边，然后选择菜单中的"连接"命令，在长方体上细分出一圈边，如图5-43中A所示。接着进入 ▣（多边形）层级，选择长方体下方的一圈多边形，再单击右键菜单中"挤出"命令前方的 ■ 按钮，按"局部法线"模式挤出多边形的厚度，如图5-43中B所示，从而制作出大立柱底部的底座。

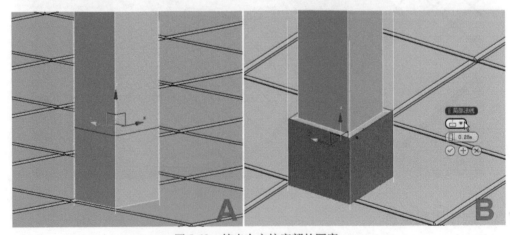

图5-43　挤出大立柱底部的厚度

3）进入 ◁（边）层级，选择大立柱的所有侧边，然后单击右键菜单中"切角"命令前方的 ■ 按钮，在弹出的"切角"对话框中设置参数值，如图5-44中A所示，单击 ✓ 按钮，为模型添加倒角效果。接着选择大立柱底座的两圈边，再分别执行右键菜单中的"切角"命令，为其添加倒角效果，如图 5-44 中 B 和 C 所示。最后，在按住〈Shift〉键的同时，使用 ✛（选择并移动）工具拖动复制大立柱，并参照原画摆放好位置，如图 5-45 所示。

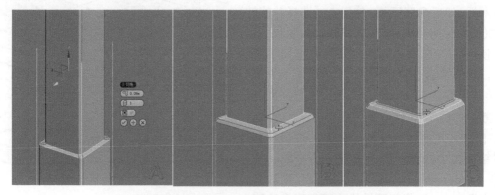

图 5-44　为大立柱模型添加倒角效果

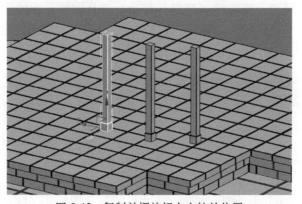

图 5-45　复制并摆放好大立柱的位置

4）创建横木板。方法：单击 ✳（创建）面板下 ◯（几何体）中的"长方体"按钮，在透视图中创建一个长方体，如图 5-46 中 A 所示。把长方体转换为可编辑多边形，然后使用 ✛（选择并移动）和 ◰（选择并均匀缩放）工具调整长方体的位置和大小，接着进入 ◁（边）层级，选择长方体的所有边，再选择右键菜单中的"切角"命令，为长方体添加倒角效果，如图 5-46 中 B 所示，从而制作出横木板的造型。

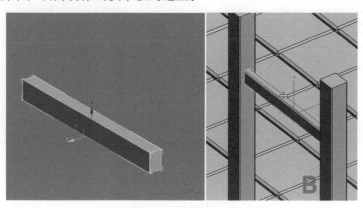

图 5-46　制作横木板

5）在按住〈Shift〉键的同时，使用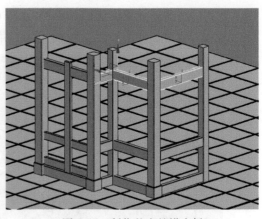（选择并移动）工具拖动横木板的模型，复制出若干横木板，然后参照原画，使用（选择并旋转）和（选择并均匀缩放）工具调整其角度和大小，接着使用（选择并移动）工具调整到不同的位置，效果如图 5-47 所示。

6）同理，参照原画，搭建出主殿侧面的结构，效果如图 5-48 所示。然后单击（创建）面板下（几何体）中的"平面"按钮，参考主殿结构大小在前视图中创建一个平面。接着在（修改）面板中设置平面的长、宽和高分段数均设为 1，再将平面转换为可编辑多边形。

图 5-47　制作其余的横木板

最后进入（顶点）层级，使用（选择并移动）工具调整平面的位置和大小，如图 5-49 中 A 所示。再进入（边）层级，选择平面的侧边，在按住〈Shift〉键的同时，使用（选择并移动）工具拖动边，复制出其他主殿门板和墙壁的造型，如图 5-49 中 B 所示。

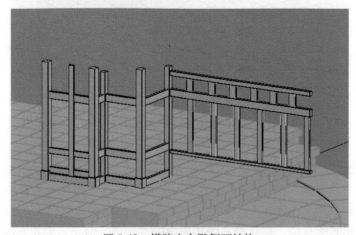

图 5-48　搭建出主殿侧面结构

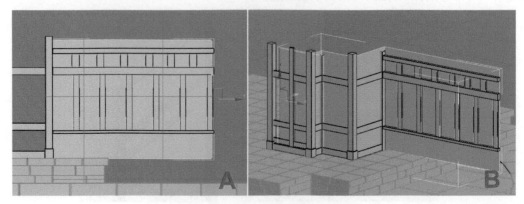

图 5-49　制作门板和墙壁的结构

7）制作第 2 层主殿。方法：在视图中右击，从弹出的快捷菜单中选择"全部取消隐藏"命令，显示基础模型，如图 5-50 所示。然后在按住〈Shift〉键的同时，使用 ✛ （选择并移动）工具拖动之前制作好的立柱和横木板进行复制，再参考基础模型的大小和比例，搭建出主殿第 2 层的结构，效果如图 5-51 所示。同理，制作出偏殿的模型，如图 5-52 所示。

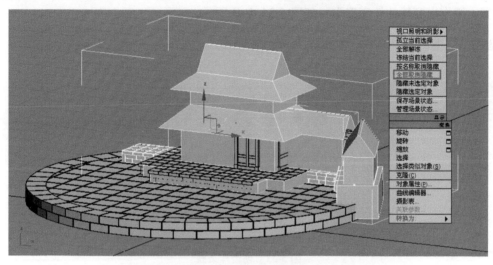

图 5-50　显示基础模型

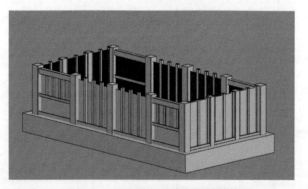

图 5-51　搭建出主殿第 2 层的结构

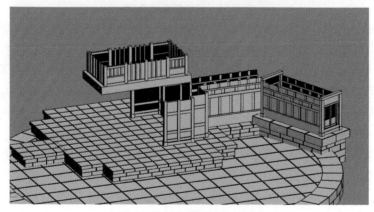

图 5-52　制作出偏殿的模型

8）制作窗户的造型。方法：单击 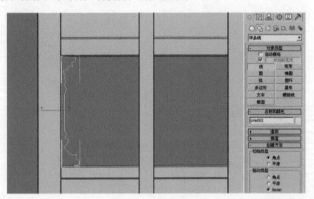（创建）面板下 ⬡（图形）中的"线"按钮，在前视图参考窗框大小创建一个闭合样条线，如图 5-53 所示。然后进入 ✎（修改）面板，单击 ⠿（顶点）层级，接着选择部分样条线的顶点，再选择鼠标右键菜单中的"平滑"命令，使样条线的弧度更加柔和，如图 5-54 中 A 所示。最后使用 ✛（选择并移动）工具调整顶点的位置，制作出窗框的轮廓造型，如图 5-54 中 B 所示。

提示：为了方便观察和操作，在制作时隐藏了墙壁模型。

图 5-53　创建样条线

图 5-54　调整样条线造型

9）在样条线上右击，从弹出的快捷菜单中选择"转换为|转换为可编辑多边形"命令，将样条线转换为可编辑多边形，如图 5-55 中 A 所示。然后在 ✎（修改）面板的修改器列表中选择"对称"命令，并设置"对称"修改器的参数，如图 5-55 中 B 所示。接着塌陷保存"对称"效果。最后进入 ■（多边形）层级，利用 ✎（修改）面板中"编辑多边形"卷展栏下方的"挤出"命令挤出窗框厚度，如图 5-56 中 A 所示。再进入 ◁（边）层级，选择右键菜单中的"切角"命令为窗框添加倒角效果，效果如图 5-56 中 B 所示。

10）制作窗格。方法：单击 （创建）面板下 ◯（几何体）中的"长方体"按钮，然后参照原画中窗格大小在透视图中创建一个长方体，如图 5-57 所示。接着将长方体转换为可编辑多边形。再进入左视图中，使用 ↻（选择并旋转）工具调整长方体角度，如图 5-58 中 A 所示。在按住〈Shift〉键的同时，使用 ✛（选择并移动）工具拖动复制出 9 个长方体，如图 5-58 中 B 所示。最后选择全部的长方体，在按住〈Shift〉键的同时，使用 ↻ （选择并旋转）工具旋转复制出另外一组长方体，制作出窗格的效果，如图 5-58 中 C 所示。

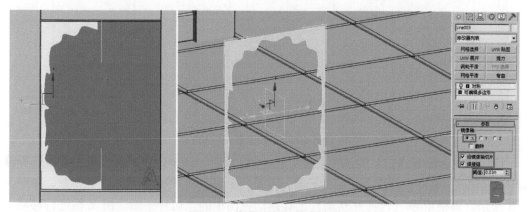

图 5-55　制作窗框的轮廓造型

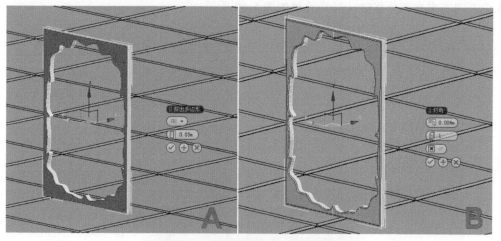

图 5-56　挤出窗框厚度及制作倒角效果

图 5-57　制作窗格

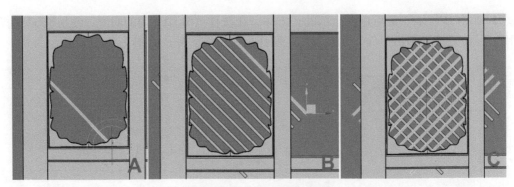

图 5-58　制作出整体的窗格

11）选中全部窗格，然后选择菜单中的"组 | 成组"命令，将窗格成组。接着选择修改器中的"切片"命令，并进入"切片平面"层级，如图 5-59 中 A 所示，设置参数，如图 5-59 中 B 所示。再使用 （选择并移动）工具拖动视图中的"切片平面"沿 Y 轴进行移动，将窗格多余的部分移除，如图 5-59 中 C 所示。同理，依次执行 3 次"切片"命令，将窗格其他 3 个方向的多余部分移除，最终效果如图 5-60 所示。

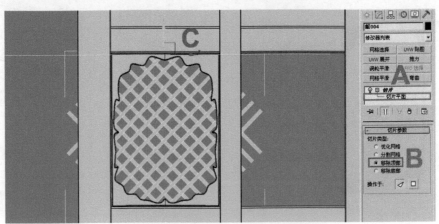

图 5-59　为窗格添加"切片"修改器

图 5-60　移除窗格多余的部分

12）选中完成的窗户模型，选择菜单中的"组 | 成组"命令，将窗户整体成组。然后在按住〈Shift〉键的同时，使用 （选择并移动）工具拖动复制出另外一扇窗户，并参照原画摆放好位置，如图5-61所示。同理，制作出大殿和偏殿的其余窗户，效果如图5-62所示。

提示：大殿主体具体制作方法详见网盘中的"视频教程 \ 第5章 游戏室外场景制作——太极殿 \ 大殿的制作01.avi"和"大殿的制作02.avi"视频文件。

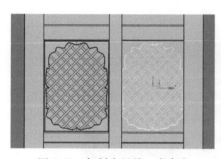

图5-61 复制出另外一扇窗户

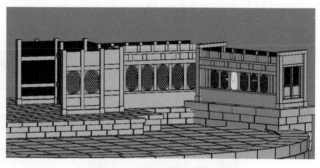

图5-62 制作出其他窗户造型

2. 制作瓦片

1）首先进行筒瓦的制作。方法：单击 （创建）面板下 （几何体）中的"圆柱体"按钮，然后参照原画中瓦片大小在透视图中创建一个圆柱体，如图5-63所示。接着右击，从弹出的快捷菜单中选择"转换为 | 转换为可编辑多边形"命令，将圆柱体转换为可编辑多边形。

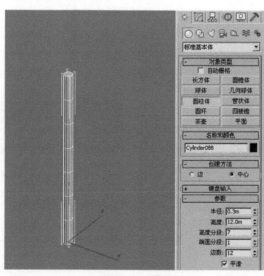

图5-63 创建圆柱体

2）进入 （边）层级，再选择圆柱体除顶部的所有横向边，如图5-64中A所示，然后选择右键菜单中的"切角"命令，在圆柱体上细分出几条边，如图5-64中B所示。接着选择相邻边中上方的边，再使用 （选择并均匀缩放）工具适当放大，效果如图5-64中C

所示。最后进入■（多边形）层级，选择如图 5-65 中 A 所示的多边形，再进入 ✐（修改）面板中"多边形：平滑组"卷展栏，为选择的多边形指定一个新的光滑组，如图 5-65 中 B 所示，使瓦片的轮廓更加清晰。

3）制作板瓦。方法：单击 ✱（创建）面板下 ⭕（几何体）中的"平面"按钮，在透视图中创建一个平面。然后在 ✐（修改）面板中设置平面的长、宽值分别为（11，1），再把长和高分段数设为（10，1），接着使用 ✢（选择并移动）工具调整平面的位置，如图 5-66 所示。最后右击视图中的平面，从弹出的快捷菜单中选择"转换为|转换为可编辑多边形"命令，将平面转换为可编辑多边形。

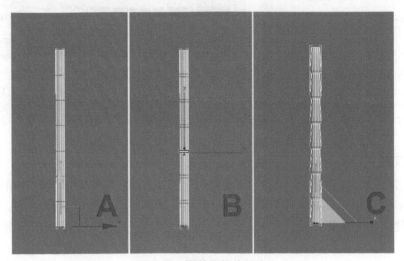

图 5-64　调整圆柱体的边

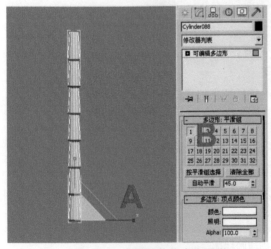

图 5-65　为圆柱体指定光滑组

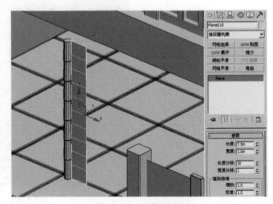

图 5-66　创建平面

4）进入 ◁（边）层级，选择平面上如图 5-67 中 A 所示的横向边，再执行右键菜单中的"切角"命令，细分出边，如图 5-67 中 B 所示，然后使用 ✢（选择并移动）工具调整平面的造型，制作出板瓦层叠的效果，如图 5-68 中 A 所示。接着选择平面的全部横向边，再

3ds max + Photoshop

单击右键菜单中"连接"命令前方的■按钮，在"连接"对话框中设置参数，如图5-68中B所示，单击☑按钮，从而添加3条垂直方向的边。最后使用╬（选择并移动）工具调整平面的造型，制作出板瓦的弧度效果，如图5-68中C所示。

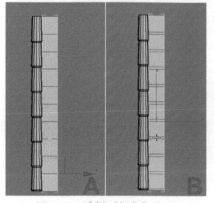

图5-67 选择"切角"命令

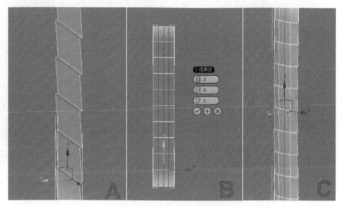

图5-68 制作板瓦造型

5）进入■（多边形）层级，选择板瓦转折部分的多边形，如图5-69中A所示，然后进入☑（修改）面板中"多边形：平滑组"卷展栏，为选择的多边形指定一个光滑组，如图5-69中B所示。接着进入◁（边）层级，选择板瓦转折部分的边，再执行右键菜单中的"切角"命令，添加倒角效果，使转折边具有一定的厚度，如图5-70所示。

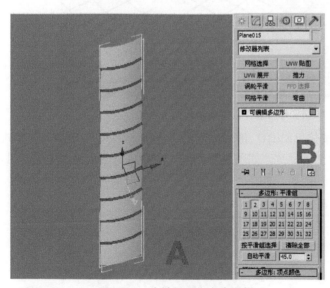

图5-69 为转折面指定光滑组

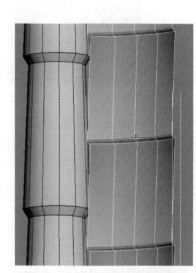

图5-70 制作转折部分的倒角效果

6）在☑（修改）面板的修改器列表中选择"弯曲"命令，分别为筒瓦和板瓦的模型指定"弯曲"修改器，并依次设置好弯曲参数，如图5-71所示。然后参照原画，使用╬（选择并移动）、◯（选择并旋转）和☐（选择并均匀缩放）工具调整瓦片的位置、角度和大小，如图5-72所示。

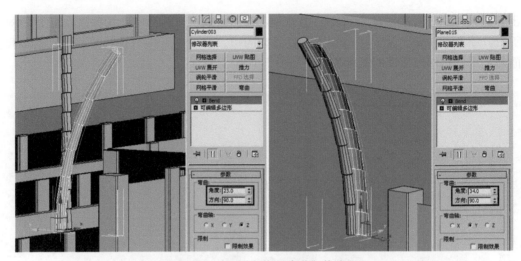

图 5-71　为瓦片指定"弯曲"修改器

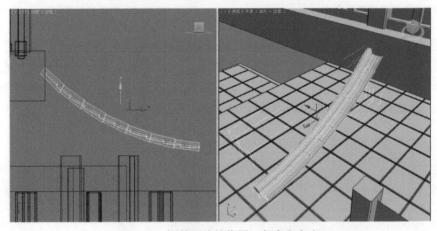

图 5-72　调整瓦片的位置、角度和大小

7）框选板瓦和筒瓦的模型，在按住〈Shift〉键的同时沿 X 轴拖动，以"复制"的模式复制出 30 个瓦片模型，并以此制作出全部瓦片，如图 5-73 所示。然后执行两次菜单中的"组 | 成组"命令，将筒瓦和板瓦的模型分别成组，如图 5-74 所示。

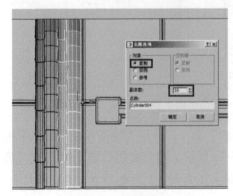

图 5-73　复制瓦片

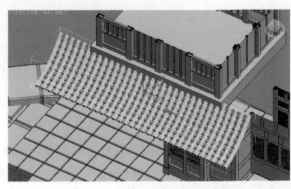

图 5-74　将筒瓦和板瓦分别成组

8）选中筒瓦的模型组，然后选择修改器中的"切片"命令，并选择"移除底部"单选按钮，再激活"切片平面"，如图5-75中A所示，接着使用 ✛（选择并移动）和 ↻（选择并旋转）工具在视图中调整"切片平面"的位置和角度，移除多余的瓦片，效果如图5-75中B所示。同理，为板瓦的模型组也指定"切片"修改器，并通过在视图中调整"切片平面"的角度和位置，移除多余的部分，效果如图5-76所示。

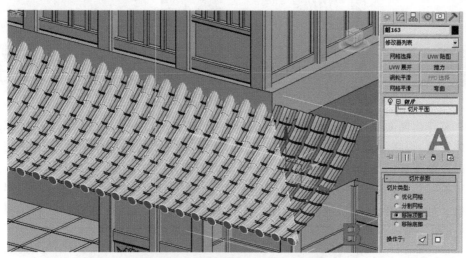

图 5-75　为筒瓦指定"切片"的效果

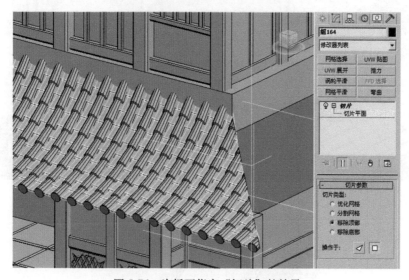

图 5-76　为板瓦指定"切片"的效果

9）选择菜单中的"组 | 解组"命令，将筒瓦和板瓦的模型组分别解组，然后选择瓦片斜角部分的模型，再选择"组 | 成组"命令将模型成组，如图5-77中A所示，接着单击 ⋈（镜像）按钮，并设置好参数，再单击"确定"按钮，从而得到对称的瓦片，如图5-77中B所示。最后使用 ✛（选择并移动）工具调整对称瓦片的位置，按〈Delete〉键删除被替换的瓦片，效果如图5-77中C所示。

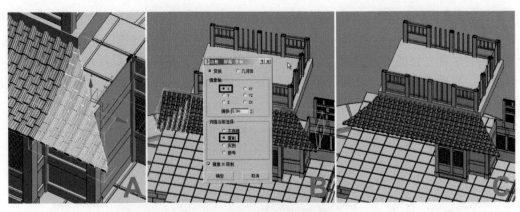

图 5-77　制作出完整的正面瓦片

10）制作出侧面瓦片的模型。方法：选择菜单中的"组|组"命令，将已经完成的正面瓦片整体成组，再激活 （角度捕捉切换）按钮，然后选择正面瓦片的模型组，并在按住〈Shift〉键的同时，使用 （选择并旋转）工具以 90°旋转复制瓦片，如图 5-78 中 A 所示。接着选择菜单中的"组|解组"命令，将模型组解组，再参考正面瓦片的制作方法，制作出一侧的瓦片造型，如图 5-78 中 B 所示。最后使用 （镜像）工具得到对称的瓦片，再选择菜单中的"组|成组"命令，将完成的侧面瓦片模型成组，效果如图 5-79 所示。

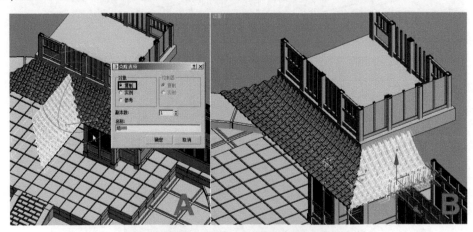

图 5-78　制作一侧的瓦片造型

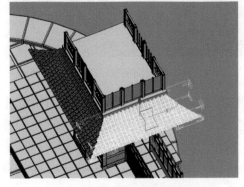

图 5-79　制作出侧面的瓦片

提示：瓦片模型的面数较多，为了节省资源，可以先制作出瓦片的基本造型和结构，剩余的瓦片可以在最后完成之前采用对称复制的方法来完成。这样不但可以保证制作效率，而且也避免了由于模型面数太多而导致的计算机性能下降。

11）制作瓦片的细节造型。方法：进入前视图，选择正面的一组瓦片，并在 <img修改> （修改）面板的修改器列表中选择"弯曲"命令，为正面瓦片模型指定"弯曲"修改器，然后设置好弯曲参数，制作出正面瓦片的弧度，效果如图5-80所示。同理，制作出侧面瓦片的弧度，效果如图5-81所示。

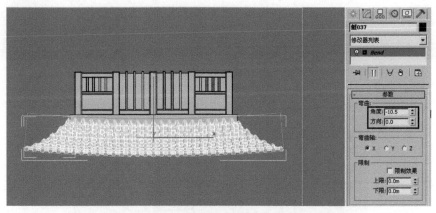

图5-80　制作正面瓦片的弧度

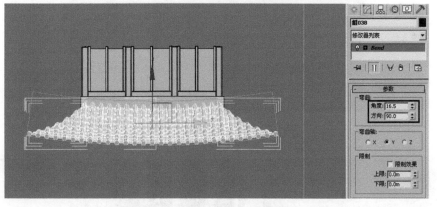

图5-81　制作侧面瓦片的弧度

12）制作第2层瓦片造型。方法：选择正面的瓦片模型组，在按住〈Shift〉键的同时拖动进行复制，如图5-82中A所示。然后选择菜单中的"组|解组"命令，将复制的模型解组，再按〈Delete〉键删除多余的瓦片模型，只保留一组独立的筒瓦和板瓦模型，如图5-82中B所示。接着将添加在瓦片模型上的"弯曲"和"切片"修改器删除，如图5-83所示。

13）进入 （多边形）层级，选择筒瓦模型中间的多边形，如图5-84中A所示，然后在按住〈Shift〉键的同时，使用 （选择并移动）工具拖动复制的多边形，并在弹出的对话框中选择"克隆到元素"单选按钮，如图5-84中B所示，从而复制出新的瓦片。接着使用 （选择并移动）工具调整新瓦片的位置，使新瓦片与原来的瓦片衔接在一起，如图5-85中A所示，同理，制作出14节筒瓦模型，如图5-85中B所示。

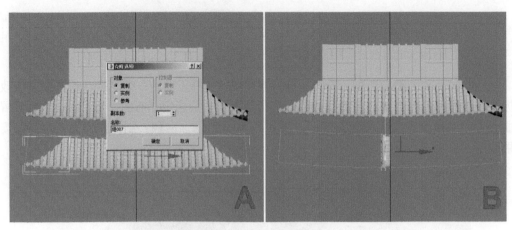

图 5-82　复制出一组独立瓦片

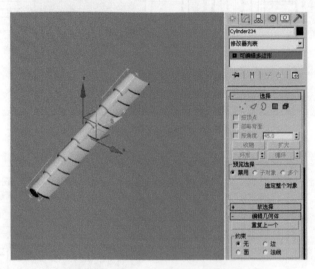

图 5-83　删除瓦片模型上的修改器

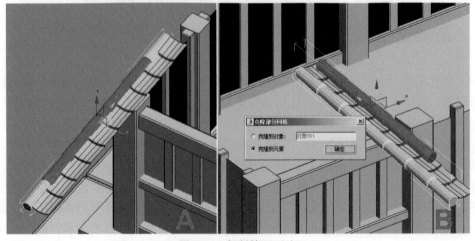

图 5-84　复制筒瓦瓦片

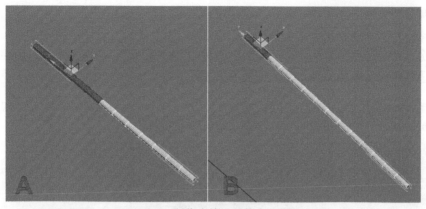

图 5-85 制作出第 2 层筒瓦的模型

14）同理，制作出第 2 层板瓦的模型，如图 5-86 所示。然后参照第 1 层瓦片的制作方法，制作出第 2 层整体瓦片的造型，效果如图 5-87 所示。

提示：在模型制作过程中，如果操作视线被其他模型阻挡，可以按〈Alt+X〉快捷键将阻挡模型半透明显示，以方便操作。

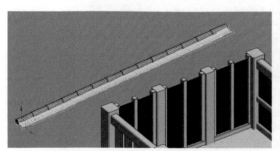

图 5-86 制作出第 2 层板瓦的模型

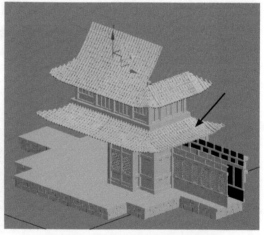

图 5-87 制作出第 2 层瓦片的造型

15）制作侧殿和偏殿的瓦片。参考第 2 层瓦片的制作方法，通过复制第 1 层瓦片模型得到一组独立的筒瓦和板瓦，然后使用 ✣（选择并移动）、 ↻（选择并旋转）和 ▣（选择并均匀缩放）工具调整筒瓦和板瓦的位置、角度和长度，如图 5-88 中 A 所示，接着框选筒瓦和板瓦的模型，在 ☑（修改）面板的修改器列表中选择"弯曲"命令，为筒瓦和板瓦的模型指定"弯曲"修改器，如图 5-88 中 B 所示。最后制作出侧殿和偏殿的瓦片模型，效果如图 5-89 所示。

16）制作出瓦片侧面的三脚木架。方法：在按住〈Shift〉键的同时拖动复制第 2 层主殿的一根立柱，再使用 ✣（选择并移动）、 ↻（选择并旋转）和 ▣（选择并均匀缩放）工具调整为三脚架的一根木架，如图 5-90 中 A 所示。然后在按住〈Shift〉键的同时使用 ↻（选择并旋转）工具旋转复制出新的木架，再进入 ◁（边）层级，执行右键菜单中的"连接"

3ds max + Photoshop

命令，在两侧的立柱上添加边，如图 5-90 中 B 所示。接着进入 （顶点）层级，使用
（选择并移动）工具调整出木架的弧度，如图 5-91 中 A 所示，再使用 （镜像）工具得
到对称部分，如图 5-91 中 B 所示。最后继续复制出三脚架的其他部分，如图 5-91 中 C
所示。同理制作出偏殿的三脚木架，如图 5-92 所示。

提示：瓦片具体制作方法详见网盘中的"视频教程\第 5 章 游戏室外场景制作——太极殿\瓦片的
制作 01.avi、瓦片的制作 02.avi、瓦片的制作 03.avi"视频文件。

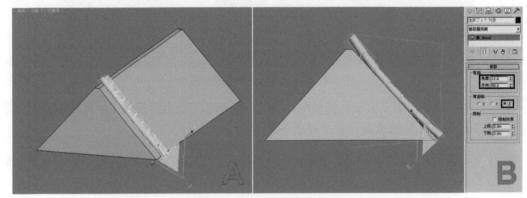

图 5-88　制作侧殿的瓦片

图 5-89　制作出侧殿和偏殿的瓦片模型

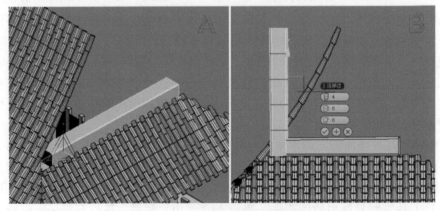

图 5-90　在左侧的立柱上添加边

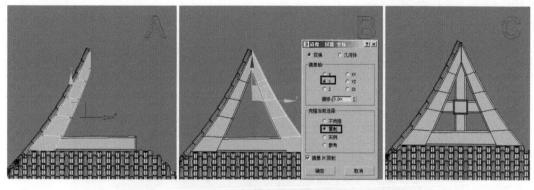

图 5-91 调整主殿木架的弧度

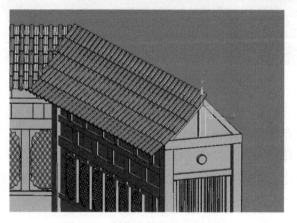

图 5-92 制作出偏殿的三脚木架

3. 制作主殿的屋脊和横梁

1）制作主殿正脊。方法：单击 ▓（创建）面板下 ◯（几何体）中的"长方体"按钮，并参照原画中的大小和比例，在透视图中创建一个长方体。将长方体转换为可编辑多边形，然后进入 ◁（边）层级，执行右键菜单中的"连接"命令，在长方体上适当添加边，如图 5-93 中 A 所示，接着进入 ▣（多边形）层级，再选择右键菜单中的"挤出"命令，挤出大体造型，如图 5-93 中 B 所示，最后进入 ⸬（顶点）层级，再使用 ✛（选择并移动）工具调整长方体的造型，制作出主殿正脊装饰的基本结构，如图 5-94 所示。

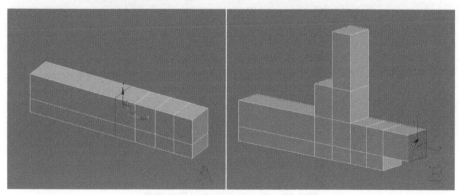

图 5-93 选择"连接"和"挤出"命令

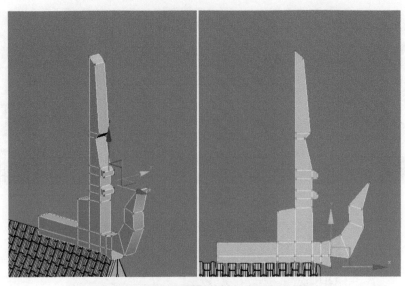

图 5-94　制作出主殿正脊装饰的基本结构

2）进入 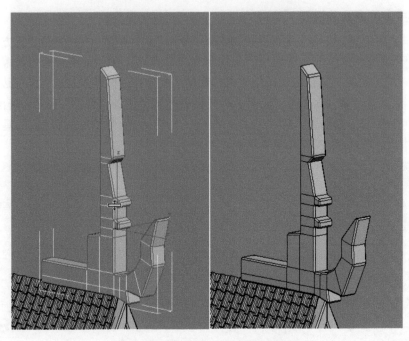（边）层级，选择正脊装饰模型外轮廓的边，再选择右键菜单中的"切角"命令，为模型添加倒角效果，如图 5-95 所示。然后将坐标系切换为"拾取"坐标系，再单击第 2 层主殿中心立柱模型，从而将立柱的坐标变为参考坐标，如图 5-96 中 A 所示。接着选择主殿正脊装饰模型，再切换到（使用变换坐标中心）按钮，最后单击（镜像）按钮，在弹出的对话框中单击"确定"按钮，从而对称复制出另外一个正脊装饰，如图 5-96 中 B 所示。

图 5-95　为正脊装饰添加倒角效果

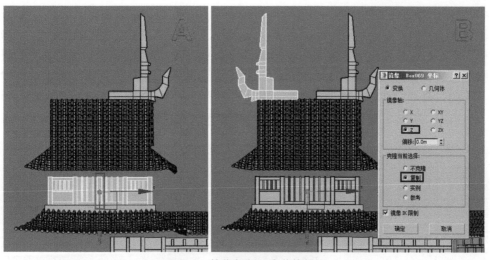

图 5-96　镜像复制正脊装饰模型

3）制作正脊装饰之间的横梁。方法：进入 ■（多边形）层级，再选择正脊装饰的部分多边形，如图 5-97 中 A 所示，然后在按住〈Shift〉键的同时，使用 ✛（选择并移动）工具拖动多边形，并在弹出的对话框中选择"克隆到对象"单选按钮，如图 5-97 中 B 所示，单击"确定"按钮。接着退出 ■（多边形）层级，并选择复制得到的多边形，再进入 ⬚（顶点）层级，使用 ✛（选择并移动）和 ▧（选择并均匀缩放）工具调整多边形造型，效果如图 5-98中 A 所示。最后在按住〈Shift〉键的同时继续复制出一个多边形，再使用 ▧（选择并均匀缩放）工具调整好多边形造型，如图 5-98 中 B 所示。

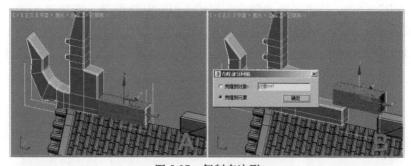

图 5-97　复制多边形

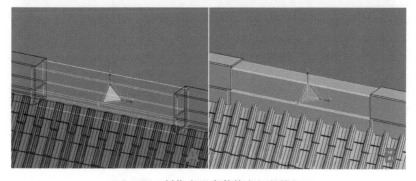

图 5-98　制作出正脊装饰之间的横梁

4）制作正脊装饰上的浮雕。方法：单击 （创建）面板下 （图形）中的"线"按钮，在前视图参考原画创建浮雕造型的闭合样条线，如图 5-99 中 A 所示。然后选择所有的样条线，并在视图中右击，从弹出的快捷菜单中选择"转换为 | 转换为可编辑多边形"命令，将样条线转换为可编辑多边形，接着分别进入 （边）层级和 （顶点）层级，再执行右键菜单中的"连接"命令，在相关模型上添加一些边，如图 5-99 中 B 所示，最后进入 （顶点）层级，使用 （选择并移动）工具调整浮雕细节造型，如图 5-99 中 C 所示。

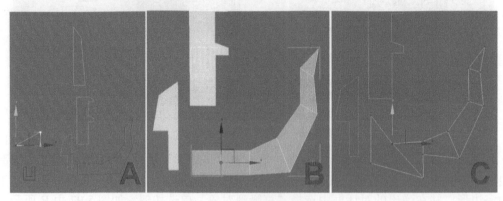

图 5-99　创建并调整样条线

5）参照原画，使用 （选择并移动）工具将各个浮雕摆放到合理位置，如图 5-100 中 A 所示，再执行右键菜单中的"附加"命令，将各个浮雕造型合并，如图 5-100 中 B 所示。然后进入 （多边形）层级，选择浮雕整体的多边形，如图 5-101 中 A 所示，再执行右键菜单中的"挤出"命令，挤出浮雕的厚度，如图 5-101 中 B 所示。接着进入 （边）层级，选择浮雕模型的边，再执行右键菜单中的"切角"命令，为模型添加倒角效果，如图 5-101 中 C 所示。使用 （选择并移动）工具将模型摆放到合理的位置，如图 5-101 中 D 所示。

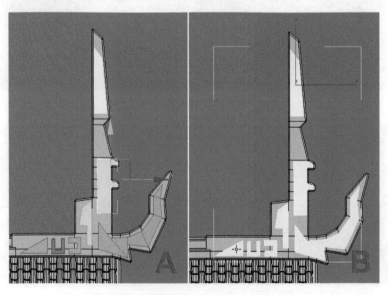

图 5-100　将浮雕摆放到合理位置并合并

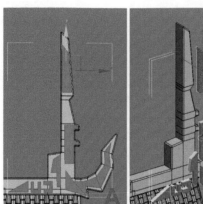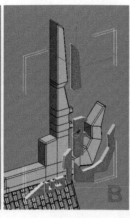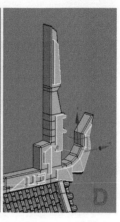

图 5-101　制作出浮雕效果

6）制作出四角的戗脊。方法：参考主殿正脊的制作思路，首先在透视图中创建一个长方体，再将长方体转换为可编辑多边形。然后进入 ◁（边）层级，执行右键菜单中的"连接"命令，在长方体上添加几条边，如图 5-102 中 A 所示；接着进入 ■（多边形）层级，再执行右键菜单中的"挤出"命令，挤出戗脊大型，如图 5-102 中 B 所示；最后进入 ⣀（顶点）层级，使用 ✛（选择并移动）工具调整出戗脊的造型，如图 5-103 所示。

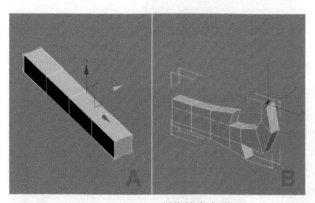

图 5-102　制作戗脊大型

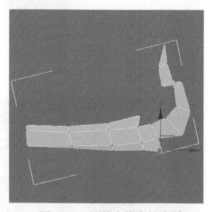

图 5-103　调整出戗脊的造型

7）进入 ◁（边）层级，选择戗脊模型外轮廓的边，然后执行右键菜单中的"切角"命令为模型添加倒角效果，效果如图 5-104 所示。接着制作出戗脊上面的浮雕造型，再使用 ✛（选择并移动）工具摆放到合理的位置，效果如图 5-105 所示。最后执行菜单中的"组 | 成组"命令，将戗脊和浮雕成组合并。

8）使用 ✛（选择并移动）、↻（选择并旋转）和 ▣（选择并均匀缩放）工具调整戗脊的位置、角度和大小，如图 5-106 所示。然后将坐标系切换为"拾取"坐标系，再单击第 2 层主殿地面，从而将地面的坐标变为参考坐标。接着选择戗脊模型，再切换到 ⣿（使用变换坐标中心）按钮，最后单击 ▥（镜像）按钮，并在弹出的对话框中设置参数，如图 5-107 中 A 所示，单击"确定"按钮，从而对称复制出另外一个戗脊。同理，镜像复制另外一侧的戗脊，如图 5-107 中 B 所示。

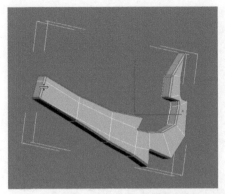
图 5-104　为戗脊添加倒角效果

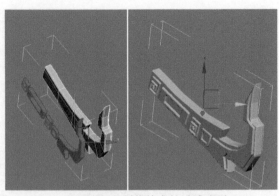
图 5-105　制作戗脊的浮雕造型

图 5-106　调整戗脊的位置、角度和大小

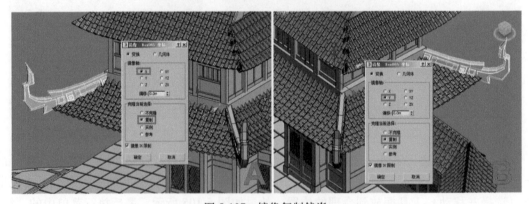
图 5-107　镜像复制戗脊

9）同理，制作出主殿其他部分的戗脊造型，效果如图 5-108 中 A 所示。然后参照制作主殿戗脊和正脊的方法完成偏殿戗脊和正脊的制作，如图 5-108 中 B 所示。接着参照屋顶瓦片的制作思路，完成主殿垂脊的制作，如图 5-108 中 C 所示。

10）制作大殿的横梁。方法：单击 （创建）面板下 （几何体）中的"管状体"按钮，在顶视图中创建一个管状体，参数设置如图 5-109 所示。然后把管状体转换为可编辑多边形。接着进入 （顶点）层级，使用 （选择并移动）和 （选择并旋转）工具调整管状体的位置、造型和角度，如图 5-110 所示。

图 5-108　制作其他部分屋脊的造型

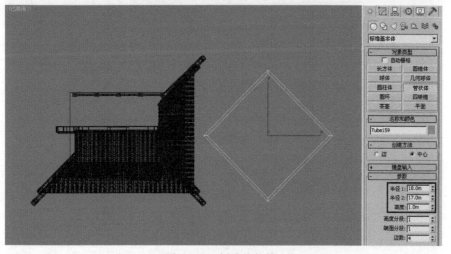

图 5-109　创建管状体

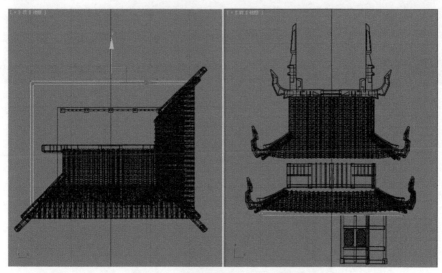

图 5-110　调整横梁的位置、造型和角度

11）进入 ◁（边）层级，选择右键菜单中的"连接"命令，在横梁侧面添加几条边，如图 5-111 中 A 所示，然后进入 ⣀（顶点）层级，使用 ✛（选择并移动）工具调整出横梁

一角的造型，效果如图 5-111 中 B 所示。接着删除横梁模型其余的四分之三部分，如图 5-112 中 A 所示，再单击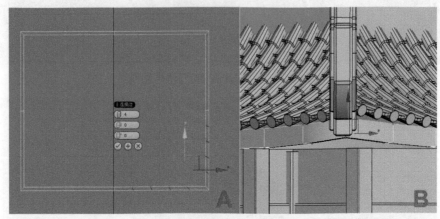（镜像）按钮对称复制出另一半横梁模型，并执行右键菜单中的"附加"命令，将两部分模型合并，如图 5-112 中 B 所示，最后执行右键菜单中的"焊接"命令，合并连接处的顶点，如图 5-112 中 C 所示，再以此方法制作出完整的横梁结构，如图 5-113 中 A 所示。同理，制作出第 2 层主殿的横梁，如图 5-113 中 B 所示。

图 5-111　制作横梁一角的造型

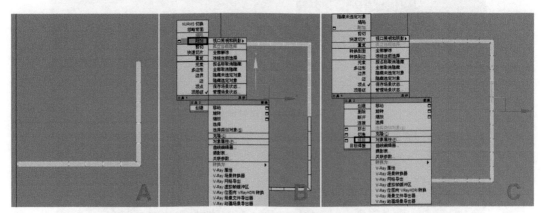

图 5-112　对称复制横梁

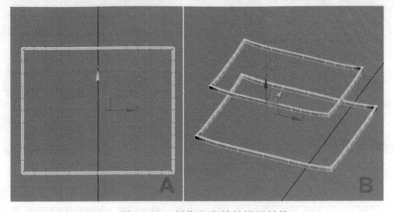

图 5-113　制作出完整的横梁结构

12）制作小横梁。方法：单击 ⚙ （创建）面板下 ◯ （几何体）中的"长方体"按钮，在透视图中创建一个长方体，参数设置如图 5-114 所示。然后右击视图中的长方体，从弹出的快捷菜单中选择"转换为|转换为可编辑多边形"命令，将长方体转换为可编辑多边形。接着进入 ⋮ （顶点）层级，再使用 ✛ （选择并移动）工具调整长方体的位置和长度，如图 5-115中 A 所示。最后在按住〈Shift〉键的同时拖动长方体，以"复制"的模式复制出一组长方体，并使用 ✛ （选择并移动）工具适当调整位置，制作出纵向的小横梁，效果如图 5-115 中 B 所示。

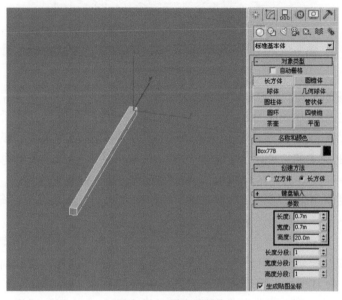

图 5-114　创建长方体

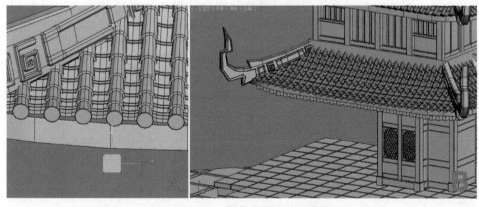

图 5-115　制作出纵向的小横梁

13）选中纵向的小横梁模型，再选择菜单中的"组|成组"命令，将模型成组，然后在按住〈Shift〉键的同时，使用 ↻ （选择并旋转）工具进行旋转复制，从而得到一组横向的长方体，接着使用 ✛ （选择并移动）和 ▱ （选择并均匀缩放）工具调整横向长方体的位置和长度，再按下〈Delete〉键删除多余的长方体，从而制作出横向的小横梁，效果如图 5-116所示。同理，制作出第 2 层主殿的小横梁。

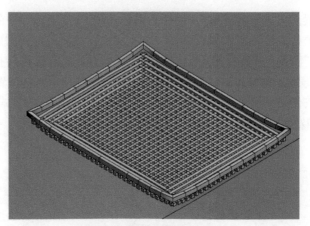

图 5-116　制作出横向的小横梁

14）制作主殿的宝顶。方法：单击 ⚙ （创建）面板下 ⟐ （图形）中的"线"按钮，在前视图创建一个主殿宝顶底座造型的样条线，如图 5-117 中 A 所示。然后进入 ⟆ （修改）面板中的 ⬝⬝ （顶点）层级，选择部分样条线的顶点，再选择右键菜单中的"平滑"命令，使样条线的弧度更加柔和，如图 5-117 中 B 所示。接着使用 ✣ （选择并移动）工具调整样条线的顶点位置，如图 5-118 中 A 所示，再将样条线转换为可编辑多边形。最后单击 ⋈ （镜像）按钮，对称复制宝顶底座，再执行右键菜单中的"附加"和"焊接"命令，将左右两个底座完全合并到一起，效果如图 5-118 中 B 和 C 所示。

15）进入 ■ （多边形）层级，选择宝顶底座的多边形，再执行右键菜单中的"挤出"命令，挤出底座厚度，如图 5-119 中 A 所示。然后单击 ⋈ （镜像）按钮对称复制宝顶底部模型，如图 5-119 中 B 所示。接着执行右键菜单中的"附加"和"焊接"命令，将前后两个底座模型完全合并，如图 5-119 中 C 所示，最后进入 ■ （多边形）层级，选择宝顶底座前后面的多边形，再执行右键菜单中的"倒角"命令，制作出倒角效果，如图 5-119 中 D 所示。

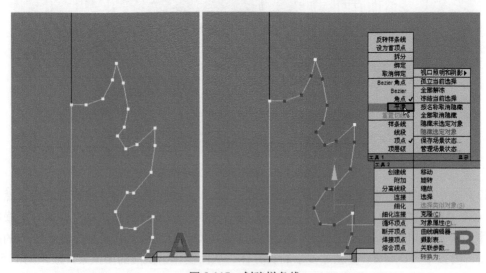

图 5-117　创建样条线

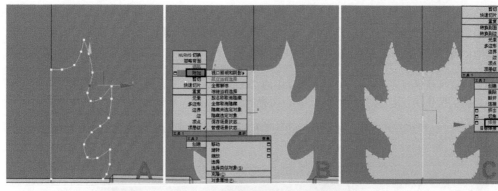

图 5-118 制作出宝顶底座的模型

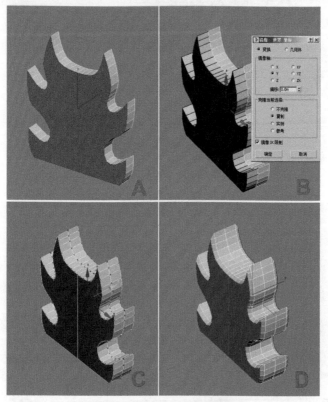

图 5-119 合并宝顶底座模型

16）单击 ✳（创建）面板下 ◯（几何体）中的"球体"按钮创建一个球体，再把球体转换为可编辑多边形。然后使用 ▣（选择并均匀缩放）和 ✥（选择并移动）工具调整好球体的大小和位置，如图 5-120 中 A 所示。接着单击 ✳（创建）面板下 ◯（几何体）中的"圆柱体"按钮创建一个圆柱体，并设置其高度分段、端面分段和边数分别为"5""1""8"，再使用 ✥（选择并移动）和 ▣（选择并均匀缩放）工具调整圆柱体的位置和大小，如图 5-120 中 B 所示。最后将圆柱体转换为可编辑多边形。

17）进入 ⦂（顶点）层级，使用 ✥（选择并移动）和 ▣（选择并均匀缩放）工具调整出圆柱体的大体造型，如图 5-121 中 A 所示，然后进入 ◁（边）层级，选择右键菜单中的"连接"命令在尖顶上添加边，再使用 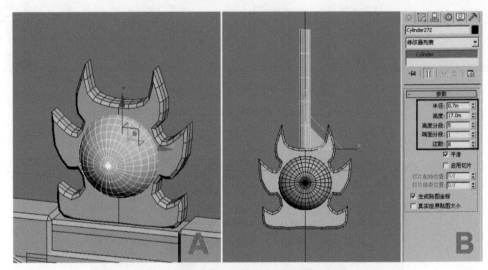 所示的（选择并均匀缩放）工具调整细节，如图 5-121 中 B 所示。接着执行右键菜单中的"切角"命令添加倒角效果，如图 5-121 中 C 所示，同理，制作出偏殿的宝顶模型，效果如图 5-121 中 D 所示。

提示：屋脊和横梁的具体制作方法详见网盘中的"视频教程\第5章 游戏室外场景制作——太极殿\屋脊的制作 01.avi、屋脊的制作 02.avi、屋脊的制作 03.avi、屋脊的制作 04.avi"视频文件。

图 5-120　制作主殿宝顶

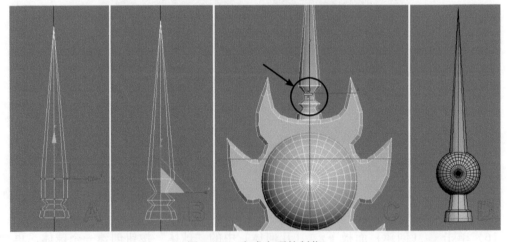

图 5-121　完成宝顶的制作

4. 制作台阶

1）制作广场的台阶。方法：按〈Delete〉键删除台阶位置上的两块石台，再进入（顶点）层级，使用（选择并移动）工具调整两侧石台的造型，如图 5-122 所示。然后单击（创建）面板下（几何体）中的"长方体"按钮，在透视图中创建一个长方体，如图 5-123 所示。接着右击视图中的长方体，从弹出的快捷菜单中选择"转换为|转换为可编辑多边形"命令，将长方体转换为可编辑多边形。

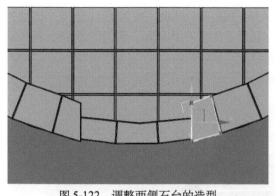

图 5-122　调整两侧石台的造型

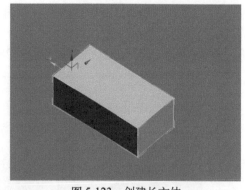

图 5-123　创建长方体

2）使用 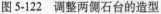（选择并均匀缩放）工具调整长方体的大体造型，然后进入 ◁（边）层级，再执行右键菜单中的"连接"命令，在长方体上添加几圈边，如图 5-124 中 A 所示。进入 ■（多边形）层级，选择台阶两侧的多边形，执行右键菜单中的"挤出"命令，挤出台阶侧舷（两侧），如图 5-124 中 B 所示。

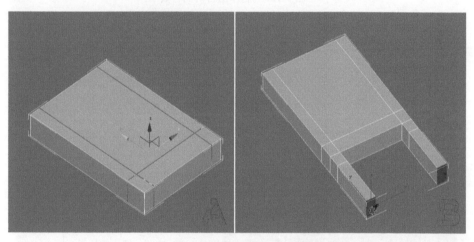

图 5-124　挤出台阶两侧的造型

3）进入 ◦（顶点）层级，再使用 ✛（选择并移动）工具调整石条前方造型，如图 5-125 所示。然后单击 ✲（创建）面板下 ○（几何体）中的"长方体"按钮，在透视图中创建一个长方体，再将长方体转换为可编辑多边形。接着进入 ◦（顶点）层级，使用 ✛（选择并移动）和 ▣（选择并均匀缩放）工具调整长方体的造型，如图 5-126 中 A 所示。最后进入 ◁（边）层级，选择长方体的所有边，再执行右键菜单中的"切角"命令，为长方体添加倒角效果，制作出台阶的石砖，如图 5-126 中 B 所示。

4）在按住〈Shift〉键的同时拖动石砖模型，复制出 3 个石砖，如图 5-127 中 A 所示。然后执行右键菜

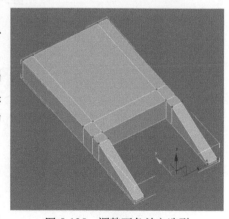

图 5-125　调整石条前方造型

单中的"附加"命令将石砖模型合并,再进入 ⬚(顶点)层级,使用 ✛(选择并移动)工具调整石砖的造型和位置,制作出一条台阶,如图 5-127 中 B 所示。同理,制作出其余的台阶,再调整好造型和位置,效果如图 5-128 所示。

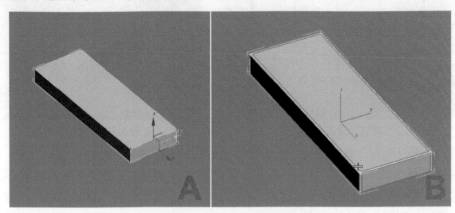

图 5-126　制作出台阶的石砖

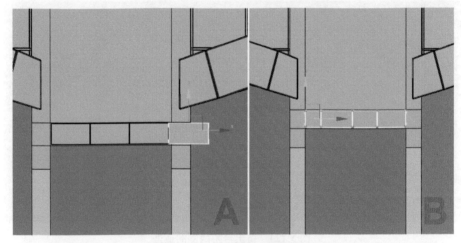

图 5-127　制作出一条台阶

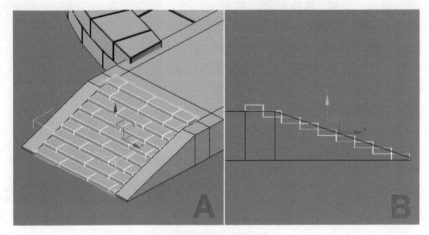

图 5-128　制作出全部台阶

5）进入 （元素）层级，选择一块石砖，在按住〈Shift〉键的同时拖动石砖模型复制出一块石砖。然后进入 （边）层级，执行右键菜单中的"连接"命令在石砖上添加一圈边，如图 5-129 中 A 所示。再进入 （顶点）层级，使用 （选择并移动）工具调整出台阶侧面石条的造型，如图 5-129 中 B 所示。接着进入 （边）层级，再执行右键菜单中的"切角"命令为一圈边添加倒角效果，如图 5-130 中 A 所示。最后单击 （镜像）按钮复制出另外一侧石条，如图 5-130 中 B 所示。

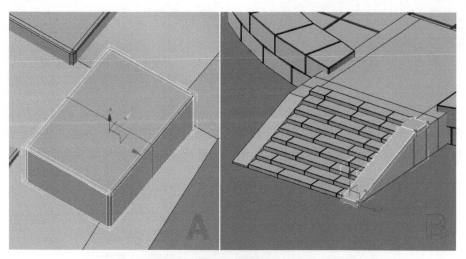

图 5-129 制作台阶侧面石条的造型

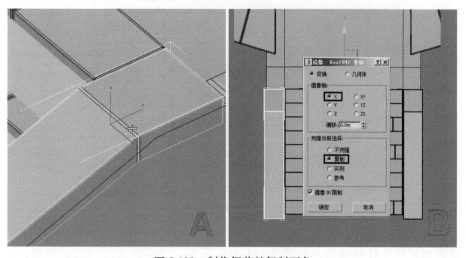

图 5-130 制作细节并复制石条

6）同理，进入 （元素）层级，选择一块石砖，在按住〈Shift〉键的同时拖动石砖复制出一块石砖，然后进入 （顶点）层级，使用 （选择并移动）工具调整出甬道两侧石条的造型，如图 5-131 所示。同理，制作出主殿的台阶，效果如图 5-132 所示。

提示：台阶具体制作方法详见网盘中的"视频教程\第5章 游戏室外场景制作——太极殿\台阶的制作 .avi"视频文件。

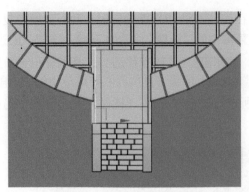

图 5-131　制作甬道两侧石条

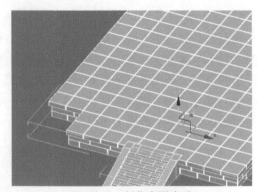

图 5-132　制作主殿台阶

5. 制作栏杆

1）制作栏杆的立柱。方法：单击 ✹（创建）面板下 ○（几何体）中的"长方体"按钮，在前视图中创建一个长方体，如图 5-133 所示。然后右击视图中的长方体，从弹出的快捷菜单中选择"转换为 | 转换为可编辑多边形"命令，将长方体转换为可编辑多边形。

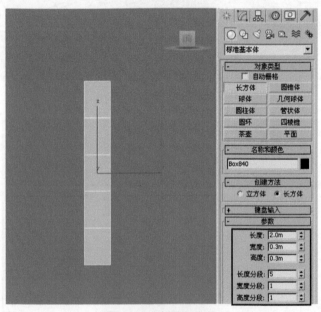

图 5-133　创建长方体

2）进入 ⬚（顶点）层级，再使用 ✛（选择并移动）和 🔲（选择并均匀缩放）工具参照原画调整出栏杆立柱的造型，如图 5-134 中 A 所示。然后进入 ◁（边）层级，再执行右键菜单中的"切角"命令在立柱上添加几圈边，如图 5-134 中 B 所示。接着进入 ⬚（顶点）层级，使用 ✛（选择并移动）和 🔲（选择并均匀缩放）工具进行细节调整，最终制作出栏杆立柱的效果如图 5-134 中 C 所示。

3）单击 ✹（创建）面板下 ⬡（图形）中的"线"按钮，在前视图中创建栏板造型的闭合样条线，如图 5-135 中 A 所示，再把样条线转换为可编辑多边形，如图 5-135 中 B 所示。然后单击 ⋈（镜像）按钮对称复制样条线模型，效果如图 5-136 中 A 所示。再执行右键菜单中的"附加"和"焊接"命令将两个模型完全合并，如图5-136中B所示。接着在 （修改）面板的修改器列表中选择"壳"命令，并设置好参数，效果如图5-137所示。最后塌陷保存"壳"的修改效果。

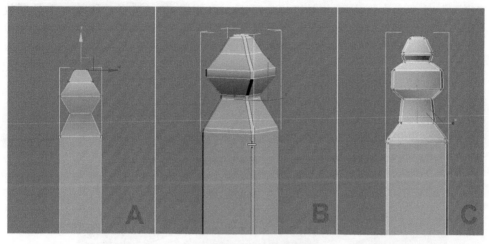

图 5-134 制作栏杆的立柱

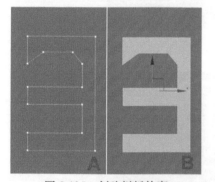

图 5-135 创建栏板轮廓

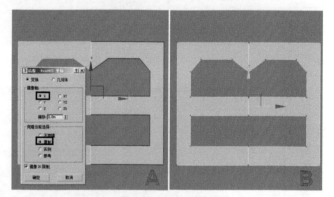

图 5-136 合并栏板

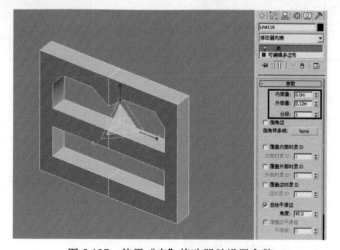

图 5-137 使用"壳"修改器并设置参数

4）进入 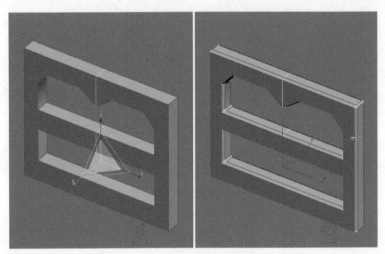（边）层级，选择栏板的轮廓边，如图 5-138 中 A 所示，再执行右键菜单中的"切角"命令为栏板添加倒角效果，效果如图 5-138 中 B 所示。然后在按住〈Shift〉键的同时拖动栏板进行复制，如图 5-139 中 A 所示。接着单击 （创建）面板下 （几何体）中的"平面"按钮，在透视图中创建一个平面，再使用 （选择并移动）工具摆放到栏板下方的位置，如图 5-139 中 B 所示。同理，复制出另一个栏板的平面，如图 5-139 中 C 所示。

图 5-138　为栏板添加倒角效果

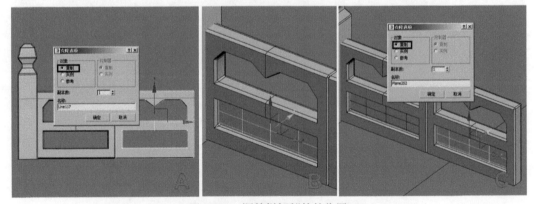

图 5-139　调整栏杆部件的位置

5）选择右键菜单中的"附加"命令，将两块栏板和平面的模型合并，如图 5-140 中 A 所示。然后不断复制出栏杆模型，再参照原画使用 （选择并移动）、 （选择并旋转）和 （选择并均匀缩放）工具调整栏杆整体的比例和位置，从而制作出主殿的栏杆，效果如图 5-140 中 B 所示。

6）选择一组立柱和栏板的模型，在按住〈Shift〉键的同时拖动栏板进行复制，然后使用 （选择并移动）、 （选择并旋转）和 （选择并均匀缩放）工具调整栏杆模型的位置和比例，如图 5-141 中 A 所示，接着执行 （修改）面板的修改器列表中的"弯曲"命令，并设置角度为 12.5°，如图 5-141 中 B 所示。

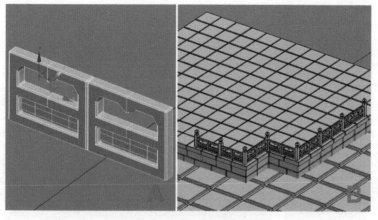

图 5-140　制作出主殿的栏杆

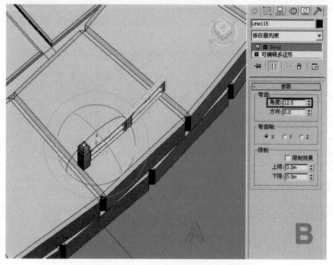

图 5-141　添加"弯曲"修改器

7）将坐标系切换为"拾取"坐标系，单击广场环形石台的模型组，将环形石台作为参考坐标系。然后单击 ⟳（选择并旋转）按钮，再切换到 ⬚（使用变换坐标中心）模式，如图 5-142 所示。接着激活 ⬟（角度捕捉切换）按钮，并右击此按钮，从弹出的对话框中设置"角度"值为 7.5，如图 5-143 中 A 所示，最后在按住〈Shift〉键的同时，使用 ⟳（选择并旋转）工具旋转栏杆模型，并在弹出的对话框中设置"副本数"为 47，再单击"确定"按钮，从而以环形石台为中心，每隔 7.5°复制一个栏杆，共复制出 47 个栏杆模型，如图 5-143 中 B 所示。

8）删除多余的栏杆，如图 5-144 中 A 所示，参考主殿栏杆的制作方法，在广场入口处也摆放两排栏杆，如图 5-144 中 B 所示。至此，太极殿的附属建筑模型制作完成，文件可参照网盘中的"MAX 文件 \ 第 5 章 \ MAX 场景文件 \ 太极殿附属建筑 .max"文件。

　　提示：栏杆具体制作方法详见网盘中的"视频教程 \ 第 5 章 游戏室外场景制作——太极殿 \ 栏杆的制作 .avi"视频文件。

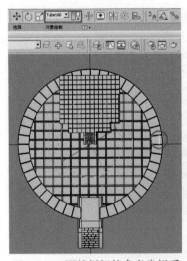

图 5-142　调整栏杆的参考坐标系

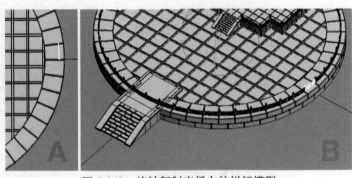

图 5-143　旋转复制广场上的栏杆模型

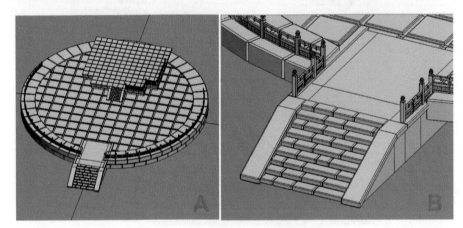

图 5-144　制作出入口处的栏杆

5.2.4　制作装饰物件

装饰物件有水缸、牌坊、太极图、门匾、香炉、盆景、石碑等结构。这里重点介绍太极图、香炉的制作方法。

1）制作太极图。方法：单击 ❋（创建）面板下 ○（几何体）中的"管状体"按钮，在视图中创建一个管状体，然后设置其半径1、半径2、高度分别为20、15、0.6，高度分段、端面分段、边数分别为1、1、24，如图 5-145 所示。接着把管状体的 X 轴的坐标归零，再把管状体转换为可编辑多边形，从而制作出太极图圆台的效果。

2）单击 ❋（创建）面板下 ◙（图形）中的"线"按钮，在顶视图中参考原画创建太极内部的两条闭合样条线，如图 5-146 中 A 所示。然后单击 ❋（创建）面板下 ○（几何体）中的"复合对象"中的"图形合并"按钮，并单击"拾取图形"按钮，再选择中间的圆形，如图 5-146 中 B 所示，接着将合并后的图形转换为可编辑多边形，再进入 ■（多边形）层级，按〈Delete〉键删除中间的圆形的多边形，如图 5-147 中 A 所示，最后选择鱼形的多边形，再执行右键菜单中的"挤出"命令挤出太极鱼的厚度，效果如图 5-147 中 B 所示。

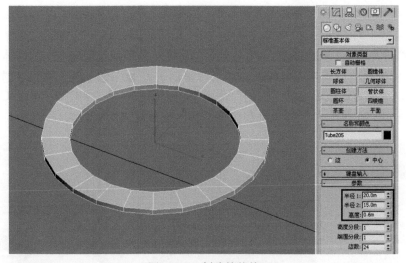

图 5-145　创建管状体

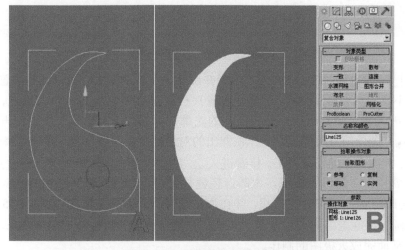

图 5-146　制作太极鱼的图形

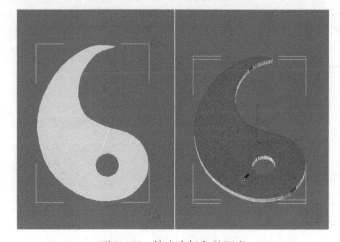

图 5-147　挤出太极鱼的厚度

3）将太极鱼的模型放置到太极图圆台中。然后进入 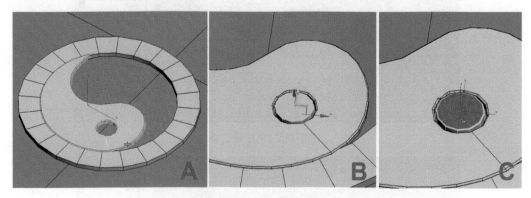（边）层级，选择太极鱼的轮廓边，再选择右键菜单中的"切角"命令添加倒角效果，效果如图 5-148 中 A 所示。接着单击 （创建）面板下 （几何体）中的"圆柱体"按钮，在太极图鱼眼位置创建一个圆柱体，如图 5-148 中 B 所示。再把圆柱体转换为可编辑多边形。最后进入 （多边形）层级，选择圆柱体顶端的多边形，选择右键菜单中的"倒角"命令制作出倒角效果，如图 5-148 中 C 所示。再选择右键菜单中的"附加"命令将鱼身和鱼眼合并，从而完成太极鱼的制作。

图 5-148 完成太极鱼的制作

4）使用 （选择并移动）和 （选择并旋转）工具调整太极鱼模型的位置、角度和大小，如图 5-149 中 A 所示。再单击 （镜像）按钮对称复制出另一个太极鱼，如图 5-149 中 B 所示。进入 （边）层级，选择圆台的轮廓边，如图 5-150 中 A 所示；再单击右键菜单中的"切角"命令前方的 按钮，并在弹出的对话框中设置好参数，如图 5-150 中 B 所示。单击 按钮，为圆台添加切角效果。接着进入 （边界）层级，再单击 （修改）面板中"编辑边界"卷展栏下"封口"按钮，为圆台接缝处封口，如图 5-151 中 A 所示。最后单击右键菜单中"切角"命令前方的 按钮，并在弹出的对话框中设置参数，如图 5-151 中 B 所示，单击按钮为圆台接缝处添加倒角效果。同理，为圆台外沿的边也添加倒角效果，如图 5-151 中 C 所示，从而完成太极图的制作。

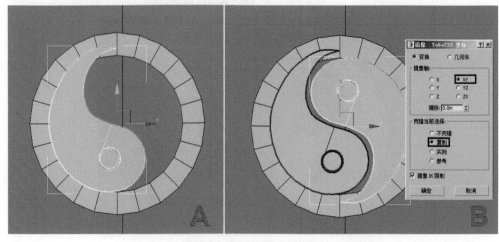

图 5-149 调整太极鱼的位置、角度和大小并复制

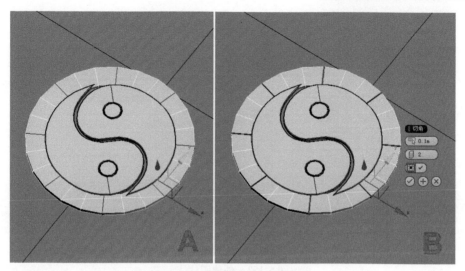

图 5-150　为圆台添加切角效果

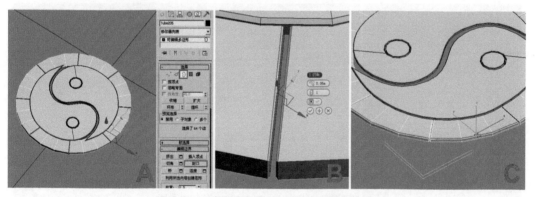

图 5-151　为圆台接缝和外沿添加倒角效果

提示：太极图物件的具体制作方法详见网盘中的"视频教程 \ 第 5 章 游戏室外场景制作——太极殿 \ 装饰物件的制作 01.avi"视频文件。

5）制作主殿前的香炉。方法：单击 ☀（创建）面板下 ○（几何体）中的"圆柱体"按钮，参照原画中香炉大小在透视图中创建一个圆柱体，如图 5-152 所示。再将圆柱体转换为可编辑多边形，然后进入 ·（顶点）层级，使用 ✛（选择并移动）和 ◫（选择并均匀缩放）工具调整出香炉炉身的大体形状，如图 5-153 中 A 所示；接着进入 ◁（边）层级，再选择右键菜单中的"连接"命令在立柱上添加边，如图 5-153 中 B 所示；最后进入 ·（顶点）层级，再使用 ✛（选择并移动）和 ◫（选择并均匀缩放）工具调整出香炉炉身的造型，如图 5-153 中 C 所示。

6）进入 ■（多边形）层级，选择香炉顶部的多边形，再执行右键菜单中的"挤出"命令向下挤出多边形，如图 5-154 中 A 所示；然后使用 ✛（选择并移动）和 ◫（选择并均匀缩放）工具调整挤出多边形的高度和大小，如图 5-154 中 B 所示。接着重复选择"挤出"命令，再使用 ✛（选择并移动）和 ◫（选择并均匀缩放）工具调整挤出多边形的高度和大小，最终得到如图 5-155 所示的效果。

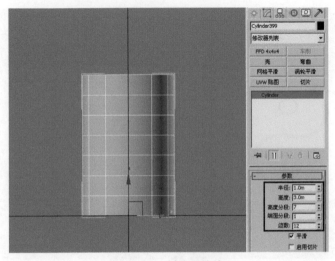

图 5-152　创建圆柱体

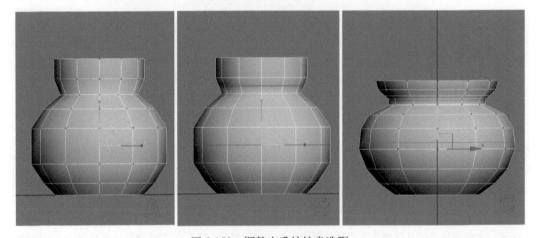

图 5-153　调整出香炉炉身造型

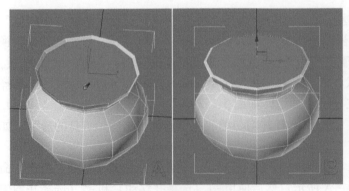

图 5-154　调整挤出的多边形

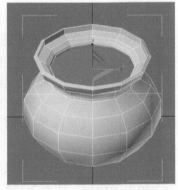

图 5-155　挤出香炉口造型

7）制作香炉的炉脚。方法：单击 （创建）面板下 （几何体）中的"长方体"按钮，然后根据香炉大小在透视图中创建一个长方体，再将长方体转换为可编辑多边形。接着进入

（顶点）层级，使用 （选择并移动）和 （选择并均匀缩放）工具参照原画调整出炉脚的造型，如图 5-156 中 A 所示。最后进入 （边）层级，选择右键菜单中的"切角"命令为炉脚添加倒角效果，效果如图 5-156 中 B 所示。

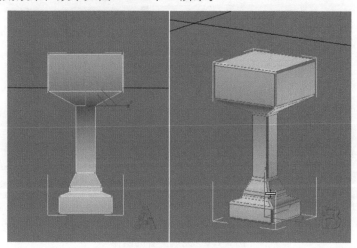

图 5-156 制作炉脚造型

8）将坐标系切换为"拾取"坐标系，再单击香炉模型，从而使香炉坐标成为参考坐标系。然后选择炉脚模型，激活 （选择并旋转）按钮，切换到 （使用变换坐标中心）模式，激活 （角度捕捉切换）按钮。最后在按住〈Shift〉键的同时，使用 （选择并旋转）工具旋转炉脚模型，在弹出的"克隆选项"对话框中按如图 5-157 中 A 所示进行设置，单击"确定"按钮，从而复制出 3 个炉脚的模型，效果如图 5-157 中 B 所示。

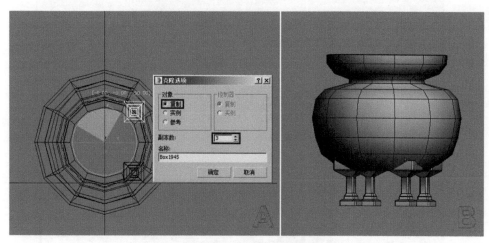

图 5-157 复制出炉脚模型

9）选择炉身模型，然后在 （修改）面板的修改器列表中选择"网格平滑"命令，并保持默认参数，效果如图 5-158 中 A 所示。接着单击 （创建）面板下 （几何体）中的"圆柱体"按钮，在透视图中创建圆柱体，再在 （修改）面板的修改器列表中选择"弯曲"命令，调整好角度，从而制作出炉香的造型。同理，制作出其余炉香的造型，并使用 （选择并移动）工具摆放炉香的位置，效果如图 5-158 中 B 所示。

提示：主殿前的香炉物件的具体制作方法详见网盘中的"视频教程\第5章 游戏室外场景制作——太极殿\装饰物件的制作 02.avi"视频文件。

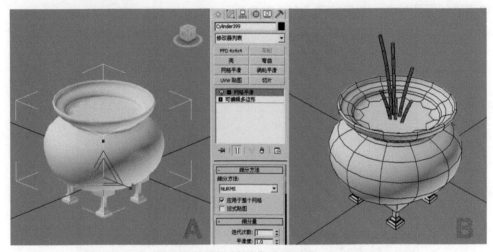

图 5-158　完成炉香的制作

10）制作广场上的大香炉。方法：参照主殿香炉的制作思路，制作出炉身的造型，如图 5-159 中 A 所示，然后为香炉指定"网格平滑"修改器，再设置好参数，效果如图 5-159 中 B 所示。

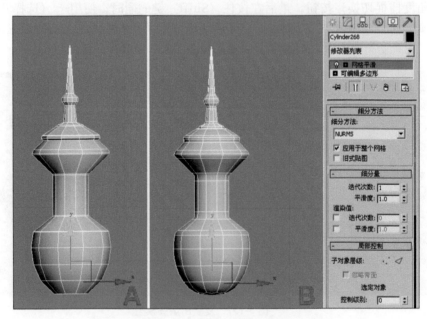

图 5-159　制作大香炉的炉身

11）制作大香炉的炉耳。方法：单击 （创建）面板下 （几何体）中的"长方体"按钮，根据香炉大小在透视图中创建一个长方体，再将长方体转换为可编辑多边形。然后进入 （顶点）层级，再使用 （选择并移动）、（选择并旋转）和 （选择并均匀缩放）工具参照原画调整出炉耳的造型，如图 5-160 中 A 所示。接着为炉耳的模型指定"网格平滑"

修改器，设置好参数，效果如图 5-160 中 B 所示。最后单击 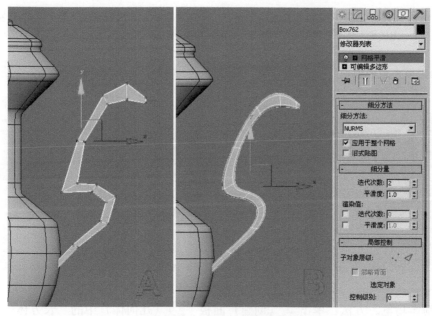（镜像）按钮对称复制出另一侧炉耳。

图 5-160 制作炉耳的模型

12）同理，制作出香炉的炉脚，如图 5-161 中 A 所示。然后单击 ⚹（创建）面板下 ◯（几何体）中的"圆柱体"按钮，参照原画中香炉底座的大小在透视图中创建一个圆柱体，再把圆柱体转换为可编辑多边形。接着进入 ◁（边）层级，执行右键菜单中的"切角"命令为香炉底座添加倒角效果，效果如图 5-161 中 B 所示。

提示：广场上的大香炉物件具体制作方法详见网盘中的"视频教程＼第 5 章 游戏室外场景制作——太极殿＼装饰物件的制作 03.avi"视频文件。

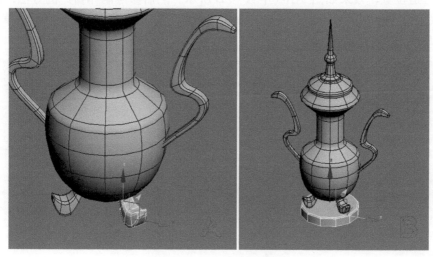

图 5-161 制作炉脚和底座

13）参考香炉的制作方法，将与香炉结构相近的水缸、小香炉、盆景等物件也制作出来，如图 5-162 所示。

提示：水缸、小香炉和盆景等物件的具体制作方法详见网盘中的"视频教程\第 5 章 游戏室外场景制作——太极殿\装饰物件的制作 04.avi"视频文件。

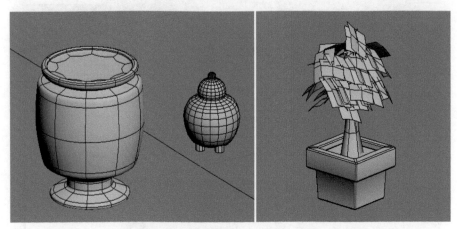

图 5-162　制作水缸、小香炉、盆景

14）制作乌龟。方法：单击 ✳（创建）面板下 ○（几何体）中的"长方体"按钮，根据香炉大小在透视图中创建一个长方体，再为长方体指定"网格平滑"修改器，然后将长方体转换为可编辑多边形，效果如图 5-163 中 A 所示。接着进入 ⦂（顶点）层级，使用 ✛（选择并移动）、○（选择并旋转）和 ▱（选择并均匀缩放）工具参照原画调整出乌龟身体的造型，如图 5-163 中 B 所示。最后进入 ◁（边）层级，执行右键菜单中的"剪切"和"连接"命令为身体添加边，再进入 ⦂（顶点）层级，使用 ✛（选择并移动）、○（选择并旋转）和 ▱（选择并均匀缩放）工具制作出头部和腿部造型，如图 5-164 所示。

15）参考制作栏杆的方法，制作出石碑和牌坊的造型，再参照原画设定，分别摆放到场景中的合适位置，效果如图 5-165 中 A 和 B 所示。然后参考制作窗户的方法，制作出门匾，效果如图 5-166 中 A 所示。接着参考制作地面环形石台的思路，制作出两侧草地造型，效果如图 5-166 中 B 所示。

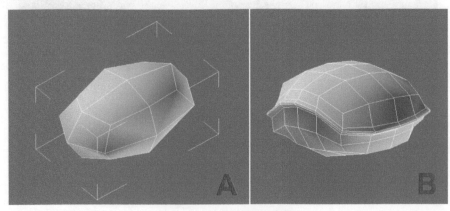

图 5-163　制作出乌龟的身体

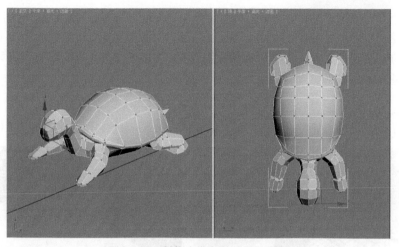

图 5-164　制作出乌龟的头部和腿部

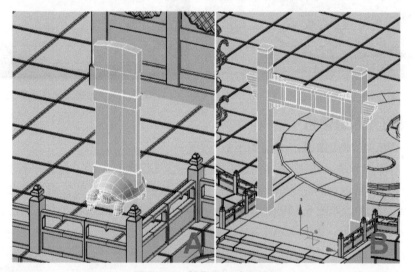

图 5-165　制作出石碑和牌坊

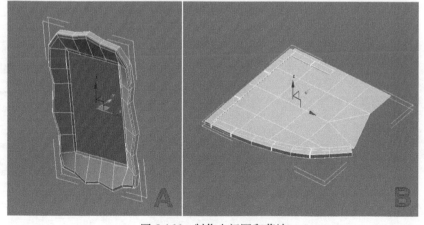

图 5-166　制作出门匾和草地

16）选择菜单中的"组 | 组"命令，将左侧建筑成组，如图 5-167 所示。然后使用 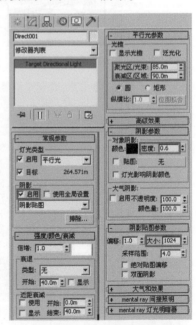（镜像）按钮将建筑模型对称复制到另外一侧，按〈F9〉键进行渲染，效果如图 5-168 所示。至此，太极殿的模型制作完成，文件可参照网盘中的"MAX 文件 \ 第 5 章 \MAX 场景文件 \ 太极殿最终模型 .max"文件。

> 提示：乌龟、石碑、牌坊、门匾和草地物件的具体制作方法详见网盘中的"视频教程 \ 第 5 章 游戏室外场景制作——太极殿 \ 装饰物件的制作 05.avi、装饰物件的制作 06.avi"视频文件。

图 5-167　把左侧建筑成组

图 5-168　太极殿场景渲染效果

5.2.5　创建灯光和摄像机

接下来创建灯光和摄像机，步骤如下：

1）创建光源。方法：单击 （创建）面板下 （灯光）中的"目标平行光"按钮，在视图中创建一个主光源，再使用 （选择并移动）工具调整灯光的位置和角度，然后使灯光照亮太极殿的整体，如图 5-169 所示。目标平行光的参数设置如图 5-170 所示。

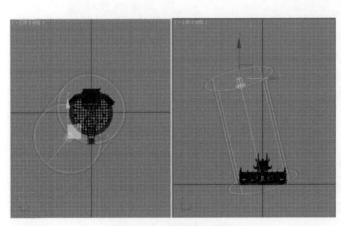

图 5-169　创建主灯源

图 5-170　设置灯光参数

2）设置环境颜色，以便更好地表现出场景光照的明暗层次变化。方法：选择菜单中的"渲染|环境"命令，然后在弹出的"环境和效果"对话框中单击"环境光"色块，如图 5-171 所示。接着在弹出的"颜色选择器：环境光"面板中设置颜色值，如图 5-172 所示，单击"确定"按钮。

图 5-171 "环境和效果"对话框

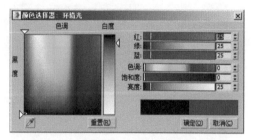

图 5-172 "颜色选择器：环境光"面板

3）按〈F10〉键，打开"渲染设置：默认扫描线渲染器"对话框进行参数设置，如图 5-173 中 A 所示，再单击"渲染"按钮进行场景渲染，效果如图 5-173 中 B 所示。

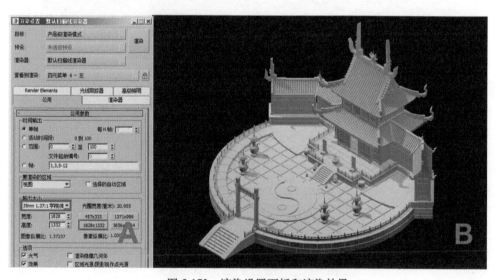

图 5-173 渲染设置面板和渲染效果

4）创建摄像机。方法：单击视图观察盒的一角，如图 5-174 中 A 所示，使模型转换为 2.5D 视角，如图 5-174 中 B 所示，然后单击视图左上角的"正交"按钮，从弹出的快捷菜单中选择"透视"命令切换到透视显示模式，如图 5-174 中 C 所示。接着选择"创建|摄像机|从视图创建标准摄像机"菜单命令，从而在视图中创建摄像机。最后进入 （修改）面板，选择"参数"卷展栏下的"正交"选项，使用 （视野）和 （平移摄像机）工具调整摄像机的位置和角度，使场景的显示效果与原画相符合，如图 5-175 所示。

提示：创建灯光和摄像机具体制作方法详见网盘中的"视频教程\第5章 游戏室外场景制作——太极殿\创建灯光和摄像机 .avi"视频文件。

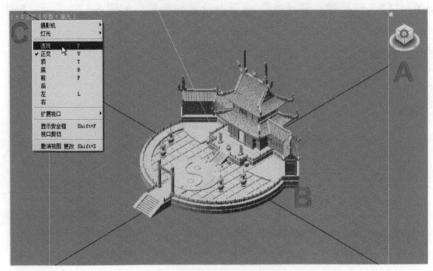

图 5-174　创建摄像机

图 5-175　调整摄像机的位置和角度

5.3　制作太极殿贴图

本例太极殿属于高精度模型，细节清晰，因此在 Photoshop CS5 中制作出太极殿不同组成部分的材质贴图后，首先需要把贴图赋予模型，再为模型指定相应的"UVW 贴图"修改器，然后根据模型表面的贴图显示效果来调整贴图坐标，使贴图最终能够正确显示。

在制作模型贴图前，需要收集和整理好适合的材质纹理，本例制作中所需的场景贴图文件如图 5-176 所示，存放于网盘中的"MAX 文件\第5章\贴图"目录下。

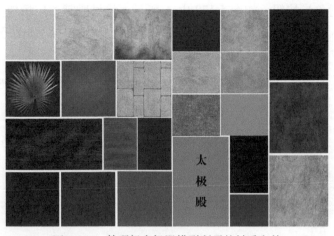

图 5-176　整理好太极殿模型所需的材质文件

5.3.1　制作主体建筑贴图

下面介绍如何制作主体建筑贴图，步骤如下：

1）制作广场地面的贴图。方法：选择广场地面的模型，再执行右键菜单中的"孤立当前选择"命令，将其他模型隐藏，如图 5-177 所示。然后按〈M〉键，打开材质编辑器，选择一个空白的材质球，并将材质命名为"地面"。接着单击"漫反射"右侧的方框，如图 5-178 中 A 所示的按钮，在弹出的"材质／贴图浏览器"对话框中双击"位图"按钮，如图 5-178 中 B 所示。最后在弹出的"选择位图图像文件"对话框中选择网盘中的"MAX 文件＼第 5 章＼贴图＼地面 .tga"文件，单击"打开"按钮，从而将贴图指定给广场地面的材质球。

提示："孤立当前选择"命令的快捷键为〈Alt+Q〉。

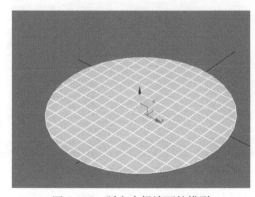

图 5-177　孤立广场地面的模型

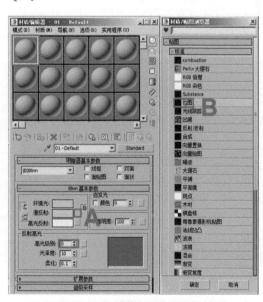

图 5-178　为广场地面模型指定材质

2）将材质赋予广场地面。方法：选择视图中的地面模型，再单击材质编辑器中的 ▦（将

3ds max + Photoshop

材质指定给选定对象）按钮，如图 5-179 中 A 所示，将材质赋予广场地面的模型。然后单击材质编辑器中的 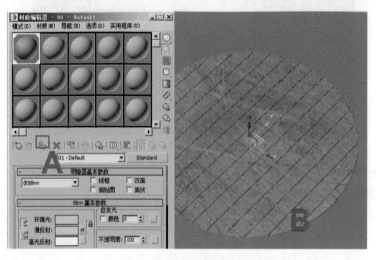（在视口中显示标准贴图）按钮，在视图中显示出贴图，效果如图 5-179中 B 所示。

　　提示：场景中的结构和物件模型比较多，因此需要为不同物件模型合理命名，以便加以区别和管理。

图 5-179　在视图中显示贴图

　　3）此时，广场地面贴图纹理显示错误，需要调整贴图的 UV 坐标来正确匹配模型和贴图的位置，以提高显示精度。方法：为广场地面模型添加 "UVW 贴图" 修改器，再选择 "平面" 贴图方式，如图 5-180 中 A 所示。这时发现视图中贴图不再有拉伸，精度提高了，如图 5-180 中 B 所示。接着激活 "UVW 贴图" 修改器的 "Gizmo" 线框，如图 5-181 中 A 所示，再通过 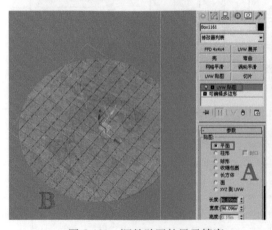（选择并移动）、 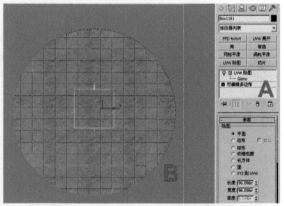（选择并旋转）和 📐（选择并均匀缩放）工具控制 Gizmo 线框，从而达到调整广场地面贴图的位置、角度和大小的效果，如图 5-181 中 B 所示。

图 5-180　调整贴图的显示精度　　　　　图 5-181　通过 Gizmo 线框调整贴图坐标

　　4）同理，完成主体建筑各部分模型的材质和贴图的指定，如图 5-182 所示。然后通过合理的 "UVW 贴图" 坐标调整，从而达到准确合理地显示贴图的目的，最终效果如图 5-183所示。

3ds max + Photoshop

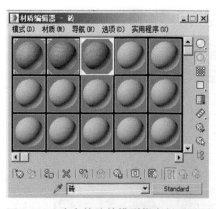

图 5-182　为主体建筑模型指定材质贴图

图 5-183　完成建筑主体的贴图制作

5.3.2　制作附属建筑贴图

下面介绍如何制作附属建筑贴图，步骤如下：

1）制作瓦片的贴图。方法：选择大殿正面瓦片的筒瓦模型，再选择右键菜单中的"孤立当前选择"命令，将其他模型隐藏，然后在材质编辑器中选择一个空白材质球，给它指定网盘中的"MAX 文件 \ 第 5 章 \ 贴图 \ 筒瓦 .psd"贴图，再将该材质命名为"筒瓦"，接着将贴图指定给筒瓦的材质球，效果如图 5-184 所示。

2）在视图中观察发现，筒瓦贴图的显示有明显拉伸，如图 5-185 所示，这是 UV 坐标方向错误导致的，需要进行适当调整。方法：选择筒瓦模型，为其添加"UVW 贴图"修改器，再选择"长方体"贴图方式，如图 5-186 中 A 所示。然后激活"UVW 贴图"修改器的 Gizmo 线框，使其变成黄色，再通过 ⬚（选择并移动）、⟳（选择并旋转）和 ⬚（选择并均匀缩放）工具调整 Gizmo 线框的位置、角度和大小，如图 5-186 中 B 所示，从而将筒瓦贴图的错误显示修正。

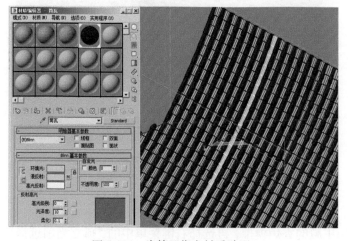

图 5-184　为筒瓦指定材质贴图

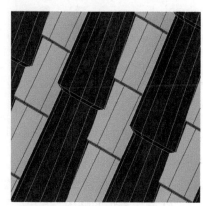

图 5-185　筒瓦贴图出现明显拉伸

图 5-186　添加"UVW 修改器"修正筒瓦贴图的拉伸

3）同理，制作出建筑其他主体的材质贴图，如图 5-187 所示。再分别将对应的材质指定给附属建筑的不同部分，然后使用"UVW 贴图"修改调整材质贴图的显示精度和位置，效果如图 5-188 所示。

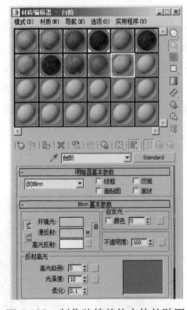

图 5-187　制作建筑其他主体的贴图

图 5-188　制作和调整附属建筑的贴图

5.3.3　制作装饰物件贴图

下面介绍如何制作装饰物贴图，步骤如下：

1）制作香炉的贴图。方法：选择主殿的香炉模型，再选择右键菜单中的"孤立当前选择"命令，将其他模型隐藏，然后进入■（多边形）层级，选择香炉炉身内部的多边形，如图 5-189中 A 所示；选择 ◤（修改）面板中"编辑几何体"卷展栏下的"分离"命令，将其从香炉

3ds max + Photoshop

整体模型中分离，如图 5-189 中 B 所示。接着在材质编辑器中选择香炉炉身的材质，并将材质命名为"香炉"，再将贴图指定给香炉炉身的材质球，效果如图 5-190 所示。

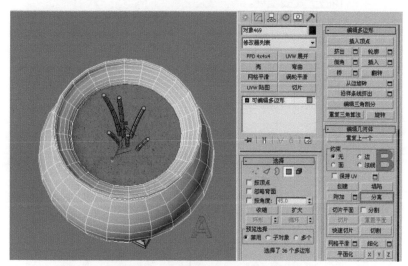

图 5-189　分离香炉炉身内部的多边形

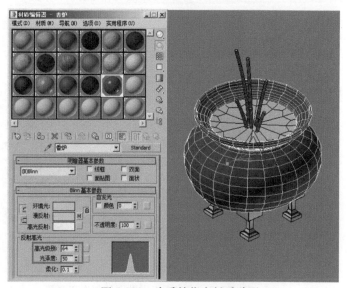

图 5-190　为香炉指定材质贴图

2）香炉的贴图是没有纹理的，因此也不会出现拉伸，无须再进行"UVW"贴图坐标的修改和调整。接下来分别为香炉的炉灰、炉香、炉脚等部分指定材质和贴图，效果如图 5-191 所示。

3）同理，制作出其余装饰物件的材质，再分别将对应的材质指定给装饰物件的不同部分，然后使用"UVW 贴图"修改调整材质贴图的显示精度和位置，效果如图 5-192 所示。至此，太极殿模型贴图的制作和调整全部完成，文件可参照网盘中的"MAX 文件\第 5 章\MAX 场景文件\太极殿模型贴图 .max"文件。

提示：太极殿贴图的具体制作方法详见网盘中的"视频教程 \ 第 5 章 游戏室外场景制作——太极殿 \ 制
作贴图 01.avi、制作贴图 02.avi、制作贴图 03.avi"视频文件。

图 5-191　为香炉其他部分指定材质和贴图

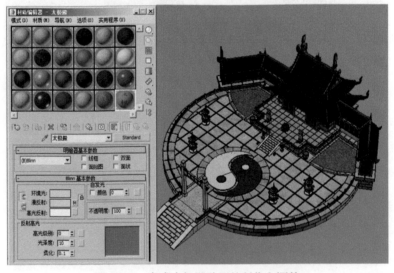

图 5-192　完成太极殿贴图的制作和调整

5.3.4　渲染出图

太极殿制作完成后，按以下步骤渲染出图。

1）渲染输出完成的整体场景。方法：选择之前创建的平行光，再打开 （修改）面板
中的"常规参数"卷展栏，设置"阴影"方式为"光线跟踪阴影"，如图 5-193 所示。按〈C〉
键切换到摄像机视图，再按〈F10〉键调出"渲染设置"面板，设置好参数，如图 5-194 所示。
接着单击"渲染"按钮，观察渲染效果，如图 5-195 所示。

2）在 Photoshop CS5 中为场景添加一些细节纹理，如破损、污渍等效果，使场景看起来更加真实和自然，完成最终效果图的制作，如图 5-196 所示。

图 5-193　设置灯光参数

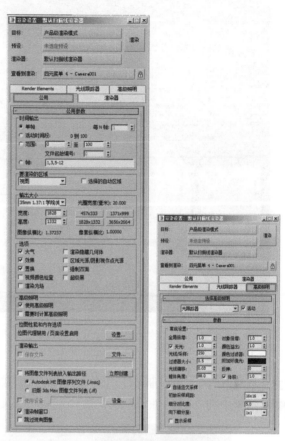

图 5-194　渲染设置

图 5-195　摄像机视图的渲染效果

3ds max + Photoshop

图 5-196　最终效果图

5.4　课后练习

运用本章所学的知识制作一个中式古典的庭院，完成后的效果如图 5-197 所示。参数可参考网盘中的"课后练习 \ 第 5 章 \tingyuan.max"文件。

图 5-197　课后练习效果图

第 6 章　游戏室内场景制作 1——墓穴

本章主要通过对一个游戏项目中的室内场景实例进行讲解，效果如图 6-1 所示。在制作之前，首先要根据项目的需求和项目流程对策划的文档进行分析，初步了解并对要制作的目的、任务需求及技术实现进行准确的定位。

图 6-1　游戏室内场景制作 1——墓穴的效果图

现在就开始运用一个标准的项目需求文档来开始进入生产流程的制作讲解，任务需求文档如下。

《地下陵墓》——描述文档

副本名称：地下陵墓。

副本用途：主要运用二区的亡灵区。

副本来历：此地之前是一个靠近大山的大型露天铁矿。在向侧边挖掘的过程中，矿坑工人发现了一个古代地下室。里面发出很多怪异的声音，而探险者无一幸免。到了晚上，矿工的惨叫和怪物的嚎叫不绝于耳，很快这个露天铁矿也因此荒废掉了。但是其中有极少一部分具有特殊生命力的群体经过长期的进化，开始形成自己独特的生存模式和规则风俗。同时，也开始尝试接触外界文化的融合。

副本等级：20 ～ 28。

探险任务：

1）采集：镇上的铁匠缺少铁矿石，而在危险的露天矿场中，地表一些区域散布着零散

3ds max + Photoshop

的可挖掘的铁矿石。同时，也有部分冒险在此挖掘的工人——"骷髅兵"。打死骷髅兵也能随机掉落部分铁矿石。采集达到一定数量将完成任务，然后将铁矿石背囊带回小镇。

2）霞光通道：在矿坑向地宫里面的入口处，有一个探险考察队伍。他们刚刚从洞穴里面出来，并搭建简易阵地抵抗从里面出来的僵尸。接受任务，进入地宫深处，找到被困的一个指挥官，将他救出来（指挥官已死亡，带回尸体上的"样本"即可）。

3）希望之源（霞光通道后续任务）：洞穴深处有一个强大的能量集结体，能让人获得巨大的能量。找到这个神奇的能量源，就能使玩家获得更高的声望和经验值（穿越地宫，山谷平台的最终 BOSS）。

4）复生：在陵墓的深处，会遇到一个特殊的僵尸，全身带着与其他骷髅不同的光环。打死这个变异骷髅（小 BOSS）之后，他会在临死之前讲出自己的心愿。希望能将自己的遗骸带回小镇安葬（带回小镇）。

5）寻宝之路：在地宫深处的壁洞上，隐藏着一个可怕的守墓贼。他守护着陵墓的宝藏，其地图清晰地显示了在这个地宫中 8 个隐秘宝箱的位置（收集所有的财富）。

6）霞光之眼（希望之源后续任务）：穿越整个地宫，上到一个地面平台。会有一个石化的古代美女雕塑出现在大家的面前。利用前面提供的能量源可以激活这个石化美女雕塑。她就是最终 BOSS，掌握着不死能量的人。击败她，就可以获取神奇力量的源泉。

副本中的区域：

1）入口区域：这是一个新挖掘的铁矿洞。在灾难发生的时候，矿工纷纷逃窜，丢弃了一地的开挖工具。同时，保留了很多原始的建筑废弃物。

2）地宫入口：这是矿洞挖开地宫的区域。地面散布着大量的地宫建筑外砖和从地宫中逃出的骷髅兵，利用陵墓原始的石砖、废弃建材，搭建了通向地宫内的简易通道。

3）地宫内部：是远古文明中主要人物的安息地。主要包括分财宝间和安息地两种区域，而且它们具备不同的古文化差异。

4）地面宫殿（哥特建筑风格）：这里被环形山所包围，所以长久都没有人发现这个遗迹。因为长期自然风化的缘故，高塔也倒塌成了废墟。曾经的圣地，已经成了一片废墟。

陵墓元素的一些细节：

1）棺材：可以使用类似图腾柱式样的竖放棺材。

2）门：使用哥特建筑风格。

3）门柱：地面宫殿位置的柱子，欧式风格。

4）壁橱道具：里面放置着很多具有古文化概念的装饰物，随机散落在四周。

5）局部细节物件：主要结合整个陵墓的时代背景及进化元素进行合理调节。

6）关卡机关物件：主要有陵墓宝藏、能量源、霞光通道等。

此部分要充分合理地安排游戏通用道具物件和特殊功能物件。

根据以上项目的需求描述，开始进入游戏项目流程的制作。配合整体风格及任务要求制定相应的规范文档要求。具体见详细项目制作需求规范表，如图 6-2 和图 6-3 所示。

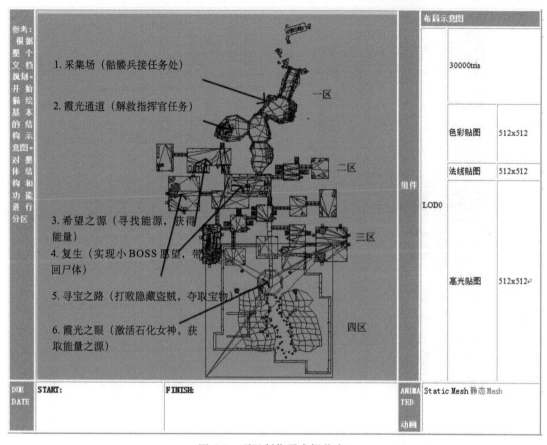

图 6-2　项目制作需求规范表 1

　　在游戏开发流程中，要充分分析场景设计的整体规划，把握整体设计思路，按照规范的流程来实现游戏项目阶段性的目标。在制作过程中既要结合策划部门的主体规划，又要结合美术的设计表现特色，充分表现场景的氛围。

　　在这个游戏项目开发中，表现的是一款带有魔幻神秘色彩的角色扮演类型（RPG）的游戏。制作品质标准是按照当今主流游戏的发展方向（次时代标准）来进行生产。通过本例的学习应更好地了解次时代游戏主流的生产工艺流程，以及其在整个游戏发展过程中所起的引导性作用。

　　在制作之前，为了更好地掌握制作技巧，应对次时代游戏在整个游戏发展历程中的重要性，以及法线、光影技术在次时代游戏开发中的应用性和 3D 技术在项目开发中的重要性有一个全面的认识。

　　充分分析了上面的需求文档之后，现在开始按照项目规划进入游戏场景的制作流程。

　　本章主要通过地下副本里面的第 4 个 room（复生部分）的实际操作制作，讲解分析整个 3D 游戏部分的制作技巧。

　　接下来就开始进入正式的制作流程环节。

步骤	任务描述	第一点提交	第一点反馈	第二点提交	第二点反馈	最终提交	任务完成天数
步骤 A	根据提供的参考进行概念创造。所有的尺寸必须遵行规范，整体场景效果及道具分开设计和配色的比例保持一致	可提交的：可以分3个不同的步骤来进行设计。格式：一张全彩的A4 JPG风景，包括所有大小物品的所有视角	第一点反馈：详细的修改要求	根据第一点反馈作修改	如果需要，这将是最后的机会提出修改要求	根据第一点和第二点的做到最终的提交	8个工作日
步骤 B	根据步骤A提供的概念创作产品的绘图	可提交的：整体场景的布局、色调及各种道具物件的前视图、侧视图。格式：一张全彩的A4 JPG风景，结合所有有尺寸的物品的所有视角	第一点反馈：详细的修改要求	根据第一点反馈作修改	如果需要，这将是最后的机会提出修改要求	根据第一和第二点的做到最终的提交	10个工作日
步骤 C	建模并展开UV以备给物品作纹理	可提交的：创建基本模型结构造型。附带UV的初步编辑。格式：max文件	同上	同上	同上	同上	8个工作日
步骤 D	利用所有的渲染给物品作纹理	可提交的：整体场景及部分道具物件的材质制作。根据文档需求进行纹理的绘制贴图，纹理文件（TGA）	同上	同上	同上	同上	3个工作日
步骤 E	创建 LOD 级别	可提交的：具有详细材质纹理的若干模型。格式：max文件，纹理文件（TGA）	同上	同上	同上	同上	3个工作日

图 6-3 项目制作需求规范表 2

6.1 进行单位设置

在每个不同的项目中对单位尺寸设置、网格单位计算、坐标点等的定位都会有特殊的要求，因此在制作之前首先要根据项目的具体需求对整个系统参数进行单位设置。

1）进入 3ds max 2016 操作界面，然后选择菜单中的"自定义|单位设置"命令，在弹出的"单位设置"对话框中选择"公制"单选按钮，再从下拉列表框中选择"米"选项，如图 6-4 所示。接着单击"系统单位设置"按钮，在弹出的如图 6-5 所示的对话框中将系统单位比例值设为"1 单位 =1.0 米"，单击"确定"按钮，从而完成系统单位设置。

> 提示：游戏开发过程中，单位设置一定要与角色的身高比例保持一致，在这个项目中系统参数以厘米为单位，并设置 1 单位 =10 厘米，在制作新的场景或者物件时一定注意单位尺寸的设置要正确。

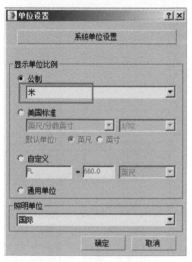

图 6-4 进行单位设置

图 6-5 设置系统单位

2）对网格单位进行设置，以便结合单位尺寸来定制操作平面的比例。方法：选择"工具|栅格和捕捉|栅格和捕捉设置"命令，在弹出的"栅格和捕捉设置"对话框中选择"主栅格"选项卡，设置如图 6-6 所示。

3）对主栅格进行网格的比例尺寸的定位，以便在后期游戏制作中更好地把握整个物体的比例关系，同时也便于进行物件的管理。方法：激活工具栏中的 ![捕捉开关] （捕捉开关）按钮，然后单击该按钮，在弹出的"栅格和捕捉设置"对话框中选择"捕捉"选项卡，设置如图 6-7 所示。

4）对系统显示内置参数进行设置，以便能即时看到制作每一步的效果，从而更好地提高工作的效率。方法：选择"自定义|首选项"命令，然后在弹出的"首选项设置"对话框中选择"视口"选项卡，如图 6-8 所示。接着单击"选择驱动程序"按钮，在弹出的对话框的下拉列表框中选择"旧版 OpenGL"，如图 6-9 所示，单击"确定"按钮。最后单击"配置驱动程序"按钮，在弹出的"配置 OpenGL"对话框中进行设置，如图 6-10 所示，单击"确定"按钮。

> 提示：此部分在游戏制作开始就应该作为特定参数固定下来，在制作过程中，随时都可能把制作的效果导入引擎中进行测试，因此，此部分的设置尤为重要。

图 6-6 设置网格单位

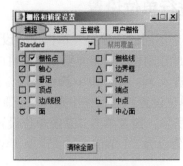

图 6-7 设置捕捉参数

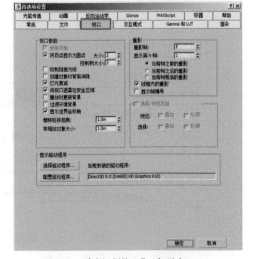

图 6-8 选择"视口"选项卡

图 6-9 选择"旧版 OpenGL"

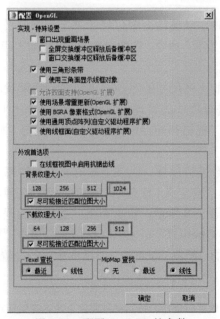

图 6-10 配置 OpenGL 的参数

3ds max + Photoshop

6.2 制作建筑模型

在设置完单位尺寸、网格和显示后，就开始根据项目单进入制作主体建筑模型。

在游戏场景制作中，建筑的制作难度是最大的。通常一座建筑要由很多模型组成，本节要制作的这座建筑包含很多部分，主要有（复生）主体建筑，柱子、门、通道、灯、墓棺等配置物件，甚至根据具体的情况还要制作相应的装饰物。这就要求在制作时灵活应对，根据每个模型的特点来应用不同的制作方法。其中建筑的主体是整个建筑的框架，有了正确的框架之后才能有完美的细节。下面先来制作建筑的主体模型。

6.2.1 制作建筑主体模型

制作建筑主体模型的步骤如下：

1）在创建主体建筑之前，首先要设置一个游戏虚拟体与游戏角色身高保持一致的物体。打开 3ds max 2016 软件，单击 ※（创建）面板下 ●（几何体）中的"长方体"按钮，然后在透视图中创建一个长方体，接着进入 ☑（修改）面板设置模型的"长度"为 10cm、"宽度"为 10cm、"高度"为 180cm，"长度分段"为 1、"宽度分段"为 1、"高度分段"为 1，如图 6-11 所示。

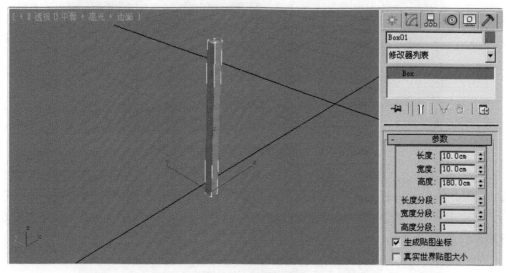

图 6-11 创建长方体

2）按照上面的虚拟角色的身高比例并考虑建筑主体结构造型，开始创建主体建筑。方法：创建一个长方体，并设置长方体的参数："长度"为 280cm，"宽度"为 600cm，"高度"为 500cm，"宽度分段"为 3，如图 6-12 所示。

3）根据主体建筑模型的需要对主体模型进行调节，并且给主体建筑指定一个默认的灰色材质球材质。

4）将长方体转换为可编辑多边形物体。方法：选择长方体并在视图中右击，从弹出的快捷菜单中选择"转换为可编辑多边形"命令，从而将长方体转换为可编辑多边形物体，如图 6-13 所示。

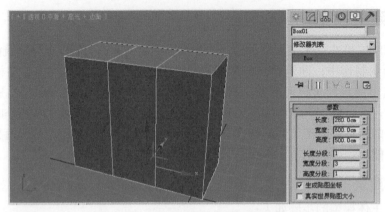

图 6-12　创建作为主体建筑的长方体

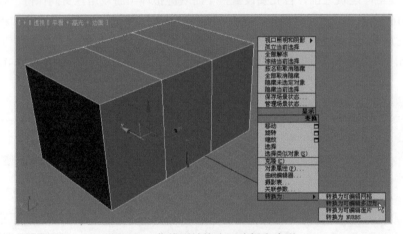

图 6-13　将模型转换为可编辑多边形

5）挤出房间的主体部分。方法是：按大键盘上的数字键〈4〉，进入到可编辑多边形的■（多边形）层级，然后选择长方体侧面的两个多边形，单击"挤出"前方的■按钮，接着在弹出的"挤出多边形"对话框中进行设置，如图 6-14 中 A 所示，单击☑按钮，效果如图 6-14 中 B 所示。

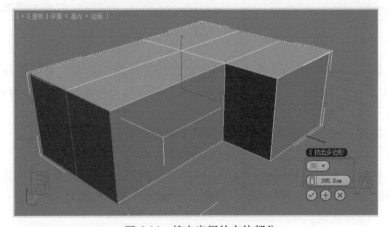

图 6-14　挤出房间的主体部分

6）对挤压的面进行适当的调整，然后进行第二次形体挤压，从而拉伸出主体建筑的造型。然后，根据角色的比例大小进行适当调节，效果如图 6-15 所示。

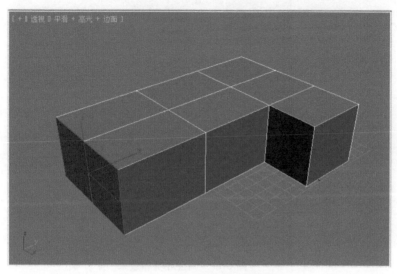

图 6-15　挤出主体建筑的造型

7）这个房间属于室内建筑，因此对整体模型进行法线的翻转，以便对内部的结构进行观察调节。方法：进入可编辑多边形的 ▣（元素）层级，然后单击"翻转"按钮，翻转法线，效果如图 6-16 所示。

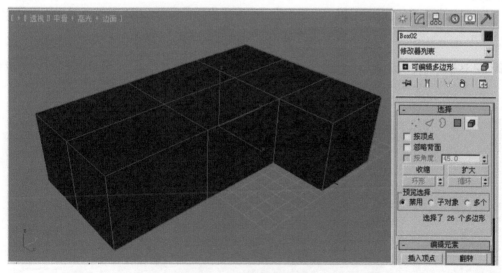

图 6-16　翻转法线效果

8）至此，建筑的主体结构制作完毕，下面进一步调节模型框架结构，然后按大键盘上的数字键〈7〉，观察整体模型的面数统计，再按大键盘上的数字键〈8〉，对环境和效果进行调节，如图 6-17 所示，以便进行下一步的制作。

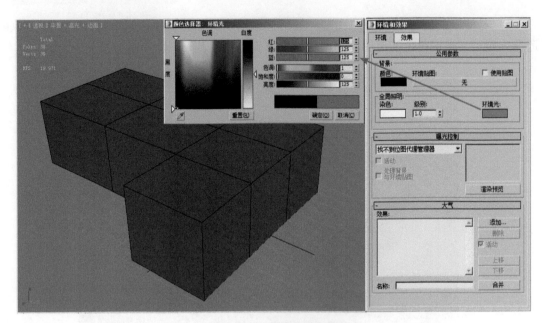

图 6-17　调整环境和效果

6.2.2　制作与主体结构相关联的墙体部分的通道和门

接下来开始制作与主体结构相关联的墙体部分的通道，也就是连接整个地下陵墓的通道。这部分的制作一定要与主体建筑的高度及角色的身高进行协调，同时要考虑每个门之间的通用性。

1）在主体建筑的侧面创建一个长方体，设置长方体的参数，"长度"为 260cm，"宽度"为 350cm，"高度"为 470cm，"长度分段"为 3，如图 6-18 所示。

提示：这里要注意的是高度的设置，一定要结合角色的比例大小进行设定，在游戏开发中，一般是在角色基本形体的基础上对建筑形体做适当的扩展，这样能更好地体现建筑的气势。

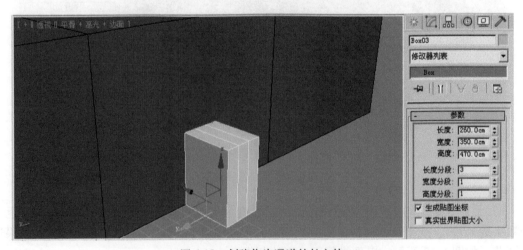

图 6-18　创建作为通道的长方体

2）将作为通道的长方体转换为可编辑多边形，然后将其命名为"door01"，以便与其他物件进行区分。

3）进入"door01"模型的 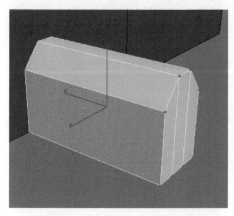（顶点）层级，然后选择两个模型中处于上侧的点，进行位置调整，同时整体上调整与主体建筑的位置关系，注意处理好与主体建筑的衔接，效果如图 6-19 所示。

4）对刚才创造的物体进行复制，如图 6-20 所示。然后，对复制的模型"door02"进行造型的结构调整，从而避免类似的简单复制。在调整的时候要注意是开放式还是封闭式造型，即是功能性还是装饰性结构，这样在调节的时候目的性更明确。

图 6-19　调整"door01"模型的形状

图 6-20　复制出"door02"模型并调整

提示：在游戏开发中，要尽量用最优化的模型表达形体结构。同时，要注意每个物体之间的结构造型的区别。在此部分，应根据策划项目的需求制作两扇开放结构和封闭结构的门（注意开放结构的门会与其他结构体有内在的联系，同一个元素会在很多地方运用到，封闭结构的门主要是装饰性），因此在复制模型的时候要特别注意每个门的造型特点。

5）同理，根据整体（复生）部分结构造型需求复制出其他几个不同的门，然后在整体上对形体进行细节调整，调整时要充分考虑结构的合理性，从各个视图进行结构的调整，从而保持形体的一致性。此部分的布局要多参照整个陵墓的结构造型特点，初步调整效果如图 6-21 所示。

6）（复生）部分的主体建筑及通道、门等基本结构基本创建完成后，接下来要对整个模型进行合并，使建筑群体形成统一的符合游戏项目要求的室内游戏场景。在这里可以运用 3ds max 2016 的复合对象

图 6-21　制作出其余几个门

功能对创建的主体建筑和门等模型进行合并。方法：选中建筑主体模型，然后单击 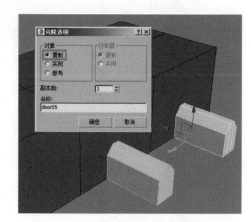（创建）面板下 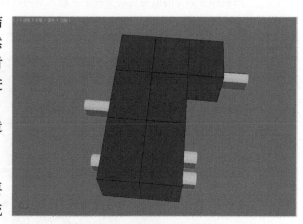（几何体）中"复合对象"下拉列表里的"布尔"按钮，选择"并集"单选按钮

后单击"拾取操作对象 B"按钮，如图 6-22 所示。最后单击要合并的子物体，从而将两个模型进行合并，效果如图 6-23 所示。

图 6-22 选择"并集"单选按钮后再单击"拾取操作对象 B"按钮

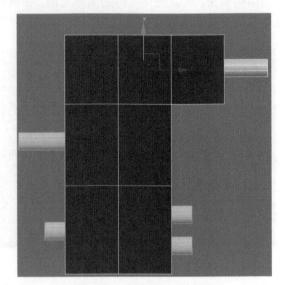

图 6-23 模型合并后的效果

提示：此时可以看到，合并的物体成为一体之后，材质的颜色也统一了，都是以高亮的白色线框显示，两者相交部分的面也自动交合了，进入室内进行观察能看到墙壁部分挖出了一个门的造型。

7）同理，将各个部分的模型合并成一个整体，效果如图 6-24 所示。

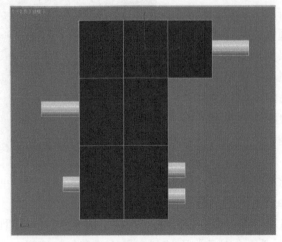

图 6-24 将各个部分的模型合并成一个整体

8）将合并后的模型转换为可编辑多边形，然后进入■（多边形）层级，清理相交部分的多边形，从内部进行观察，整体布局结构如图 6-25 所示。

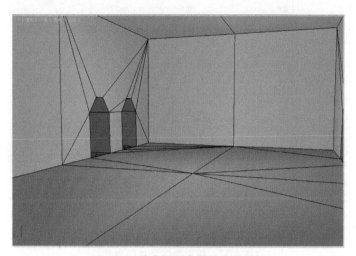

图 6-25　从内部观察整体布局结构

9）在游戏场景制作中，建筑主体的布线结构非常讲究，对后面的 UV 编辑及纹理走向都有很重要的作用，因此在合并调整完室内的基本形体结构之后，要再一次对整体结构的布线进行合理的调整。特别是门口的位置，要合理利用边、三角面与四边面。同时，要确认每个部分的顶点、边，要求多边形都是完整的，不能存在断开的顶点和边。这样就能保证后期在引擎中能正确计算点的顶点信息，处理后的效果如图 6-26 所示。

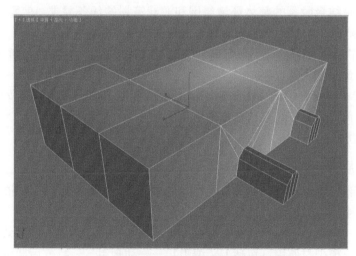

图 6-26　对整体结构的布线进行合理的调整

10）至此，（复生）部分模型结构基本完成。单击菜单栏左侧的■按钮，从弹出的下拉菜单中选择"属性|摘要信息"命令，然后在弹出的对话框中核对整体场景的面数，如图 6-27 所示。这样有利于对整个陵墓部分的面数资源进行优化，获得准确的面数信息。

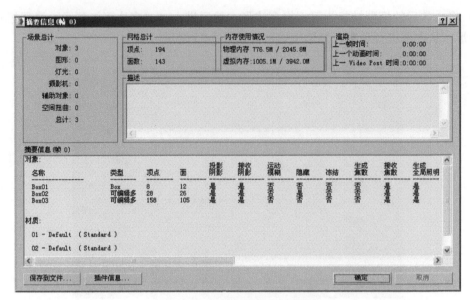

图 6-27　核对整体场景的面数

提示：通过上面的面数数据统计，整个（复生）部分场景总体面数为 143，顶点数为 194，属于比较优
　　　化的结构模式。此外，在此范围内允许有 20% 左右的面数出入。灵活地把握形体的变化，顺利
　　　按照规范的要求完成结构模型。

6.3　调整贴图 UVW 坐标

此部分主要是结合陵墓的整体环境氛围和游戏策划的任务需求，使整个游戏的品质提
升到一个新的台阶。在此主要从两个角度来达到学习及参考的目标。

● 讲解 UV 的编辑技巧，合理处理好整体建筑物墙体、地面、顶面及通道部分的 UV 编排，
有效利用最少的资源，以达到充分利用像素资源的目的。

● 重点讲解在次时代游戏中绘制贴图的颜色、高光、法线等的编辑技巧及特殊制作处
理方式，简要介绍灯光烘焙技术的应用。

带着需要解决的两个问题，下面开始正式进入第二阶段的深入工作。

6.3.1　指定材质 ID 号及设定光滑组

根据不同的部门划分，不同的游戏项目组在美术制作流程中，会有不同的制作生产流程，
典型的有如下两种。

A. 原画组——模型组——材质组（包括 UV 编辑）——动画组——特效后期组

B. 原画组——模型材质组（包括 UV 编辑）——动画组——特效后期组

这两种美术制作流程的划分方式从实用性来说，一般情况下，场景部分采用 A 模式，
因为这样在整体场景风格、材质合理利用等方面会更方便、更合理。而 B 模式相对角色部
门实用性会更强，对美术制作人员的综合能力要求也更高。

在 UV 编辑之前，要对前面制作的模型进行一些处理。首先根据不同面的组合方式设置

不同的光滑组和 ID 材质编号，以便在后面绘制材质时，更好地表现体、面的转折及层次感。

根据不同的模型部分赋予不同的材质纹理，合理利用材质球，在一个大的场景管理中会是一种比较优化的处理方式。

下面调入前面制作的场景模型。根据模型结构特点，对合并的场景进行结构分解。该场景模型主要分为 6 个部分，需要指定 6 个 ID 号，并给每个模型部分进行不同的命名，然后进行光滑组及 ID 号的指定。

1）为了方便后面的制作，首先将主体建筑和墙体的门从模型上分离出来。

2）单击工具栏中的 （材质编辑器）按钮（快捷键为〈M〉），进入材质编辑器。然后选择一个材质球，单击 （将材质指定给选定对象），将材质指定给视图中的墓穴模型。接着单击"Standard"按钮，在弹出的"材质 / 贴图浏览器"对话框中选择"多维 / 子对象"选项，如图 6-28 所示，单击"确定"按钮。最后在弹出的对话框中保持默认参数，如图 6-29 所示，单击"确定"按钮，进入"多维 / 子对象"材质的参数设置面板。再单击"设置数量"按钮，在弹出的"设置材质数量"对话框中设置"材质数量"为 6，单击"确定"按钮，效果如图 6-30 所示。

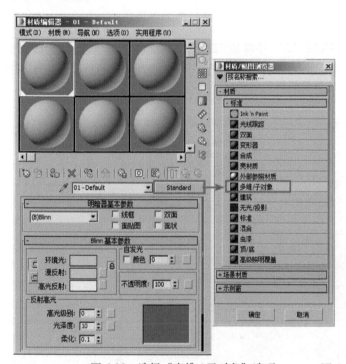

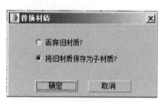

图 6-29 保持默认参数

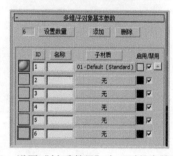

图 6-28 选择"多维 / 子对象"选项　　图 6-30 设置"材质数量"为 6 时的参数面板

3）进入 （修改）面板的可编辑多边形的 （多边形）层级，分别给游戏场景各个不同的部分指定不同的光滑组和 ID 号。在此按照结构的变化，设置建筑物的墙体为"1"号，地面为"2"号，顶部为"3"号，通道为"4"号，通道门为"5"号。为了便于区分，还可以将它们定义为不同的颜色。图 6-31 所示为指定给建筑物的墙体模型"1"号材质 ID 的效果。

提示：在场景制作中，材质 ID 号及光滑的运用正确与否，对后面的整体场景效果有很大的影响。

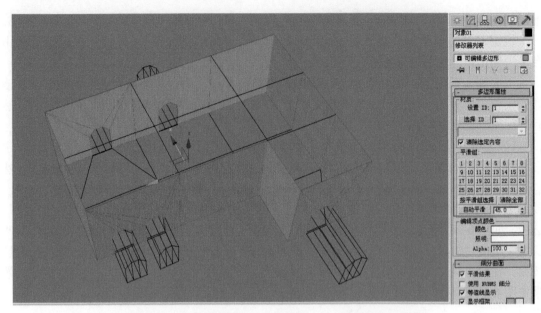

图 6-31　指定给建筑物的墙体模型 "1" 号材质 ID 的效果

4) 图 6-32 所示为指定给地面模型 "2" 号材质 ID 的效果。在指定完整个光滑组和 ID 号后，就可以通过不同的 ID 直接选择物体的各个部分，同时也为后面的材质 UV 编辑提供了很好的辅助。

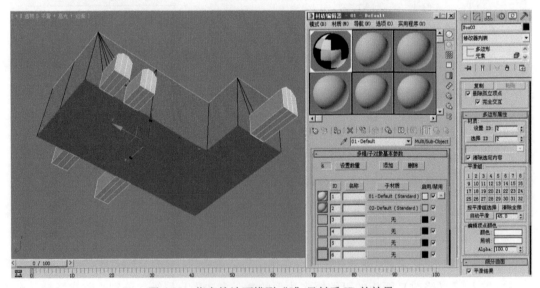

图 6-32　指定给地面模型 "2" 号材质 ID 的效果

5) 同理，分别给其他部分指定相对应的材质 ID 号和光滑组，并且调节材质球自身的颜色并分别做简单的区别，最终指定完成后的效果如图 6-33 所示。

这样第二阶段的准备工作就基本完善了，整体的制作思路也非常清晰了。接下来就开始正式进入材质绘制之前最关键的部分——编辑 UV。

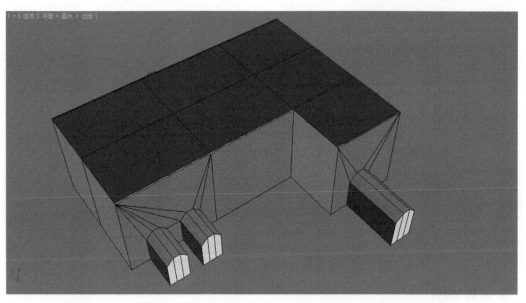

图6-33 指定给模型不同部分不同的材质 ID 号和光滑组，并赋予不同的颜色

6.3.2 编辑 UV

1. 定制修改器

在对整个场景进行 UV 编辑之前，要根据每个制作人员惯用的定制方式，对 UV 编辑器进行部分功能的设置，以便更好地提高工作效率，减少不必要的重复性工作。

1）进入 命令面板，单击 按钮，如图 6-34 所示，然后在弹出的菜单中选择"配置修改器集"命令，如图 6-35 所示，弹出"配置修改器集"对话框，如图 6-36 所示。

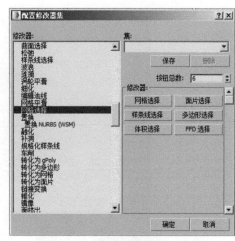

图6-34 单击 ![]按钮 　　图6-35 选择"配置修改器　　图6-36 "配置修改器集"对话框
　　　　　　　　　　　　　　集"命令

2）上面显示的并不是当前需要的快捷工具面板，下面在"配置修改器集"对话框中调

整修改器集，如图 6-37 所示，单击"确定"按钮，效果如图 6-38 所示。

图 6-37　调整配置修改器集

图 6-38　调整后的修改器集面板

2. 编辑 UVW

现在就开始对整个场景 UVW 的编辑，根据材质 ID 号的顺序逐步完成各个部分材质的绘制，这是整个游戏场景制作关键所在。首先要把握整体游戏场景氛围，完成基本材质的绘制工作。

1）先从主体建筑的墙体部分开始，因为它是整体场景中所占面积最大的部分，从游戏的摄像机角度来看，也是给玩家最直接的视野区域。一般在游戏制作过程中要尽量抓大放小，从重要的部分开始制作，这对制作人员的整体节奏把握会有很好的帮助。

2）选中建筑物的墙体部分，确定材质 ID 号为"1"，并在确认光滑组设置正确的前提下，进入材质编辑器，然后选中"1"号材质，指定给"漫反射"右侧按钮一个系统自带的棋盘格贴图，效果如图 6-39 所示。

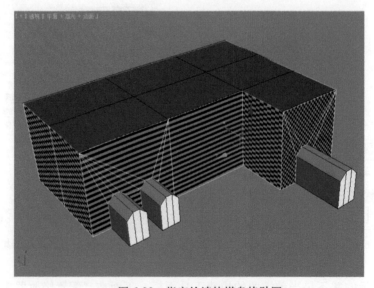

图 6-39　指定给墙体棋盘格贴图

3）从上面墙体可以看到，默认的模型的材质 UVW 是不规则的，不能正确地显示物体本身的材质属性，所以不能在这种状态下给物体指定任何材质，下面就对整个墙体部分进行 UVW 编辑。对于整个墙体部分，要用一张"512×512"像素大小的 TGA 贴图来表现，这样对 UVW 编辑就有更高的要求，特别是在 UVW 的重复利用上需要更好的表现技巧，尽量做到用最小的资源得到最大的效果表现。

4）选中墙体模型，进入 （修改）面板的可编辑多边形的 ■（多边形）层级，然后选中左侧的所有面，指定给它一个合适的 UVW 坐标，如图 6-40 所示。

　　提示：在选择不同方向的面数时，要根据不同轴向和 3ds max 2016 的坐标进行调整，上面标注红线的地方要注意合理地使用。

5）进入"UVW 展开"编辑器，对刚才指定的 UVW 坐标棋盘格进行细节调整。在调节时，可执行菜单中的"选项 | 首选项"命令，在弹出的"展开选项"对话框中根据个人的习惯定制界面，如图 6-41 所示。

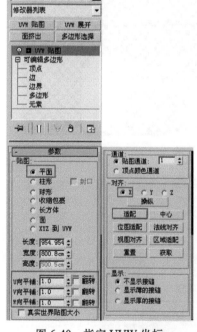

图 6-40　指定 UVW 坐标

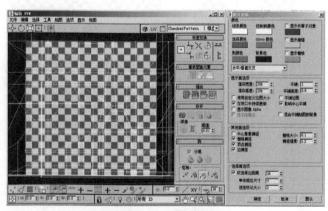

图 6-41　定制界面

6）下面对编辑的棋盘格进行细节调整，尽量保持棋盘格的纹理分布是均匀的。这样就能保证像素得到充分利用，不会出现更大拉伸。观察前面已经调整好的指定面的 UVW 分布，图 6-42 所示为编辑好的 UVW 坐标，图 6-43 所示为编辑好 UVW 坐标后的效果。

7）接下来按照前面的制作思路，继续完善其他墙面的 UVW 编辑。这里需要特别注意的是每个面的大小是不一样的，因此在调节 UVW 时，要灵活地处理好各个面之间的比例关系。可以找类似的多边形一起进行 UVW 坐标的指定，如图 6-44 所示。

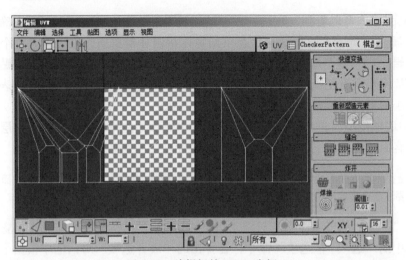

图 6-42　编辑好的 UVW 坐标

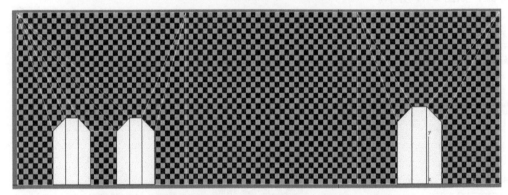

图 6-43　编辑好 UVW 坐标后的效果

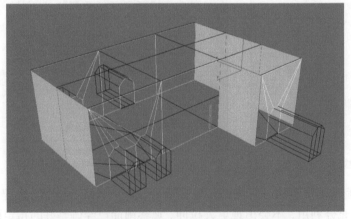

图 6-44　选择类似的多边形一起进行 UVW 坐标的指定

8）根据不同的轴向给选择的多边形分配 UVW 坐标。注意，这里是统一的坐标轴向，在分配 UVW 坐标后，各个不同的部分会重合在一起，如图 6-45 所示。

提示：在游戏开发中，对纹理的合理重复利用也是一个很讲究的表现技巧，能更好地表现环境的效果。

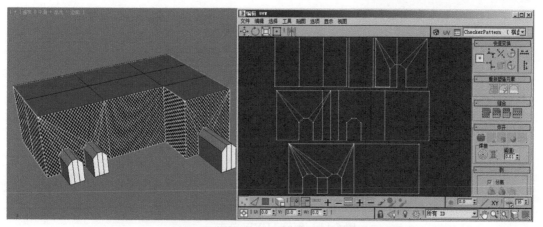

图 6-45 根据不同的轴向给选择的多边形分配 UVW 坐标

9）在完成了主体建筑物墙面部分的 UVW 编辑之后，接下来承接上面的制作方法继续完成底部、顶部、门等的 UVW 编辑。注意，这里可以按照材质 ID 号的顺序来安排 UVW 编辑的进程。相对来说，门、过道等细节在进行 UVW 编辑的时候要讲究技巧。

10）这样就基本完成了整个建筑物主体的 UVW 编辑。下面从各个角度观察 UVW 的分布，尽量检查修正那些有拉伸及棋盘格纹理分布不均匀的细节部位，这在以后制作贴图时，对像素的充分合理利用有很大的辅助作用，效果如图 6-46 所示。

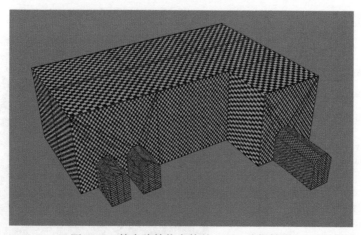

图 6-46 整个建筑物主体的 UVW 编辑效果

3. 进行 UVW 编排

接下来对已经编辑好的各个部分的 UVW 进行编排。在编排时，要根据不同的 UVW 组合方式分别对每个部分进行编排。这样在后面的 UVW 导出及绘制贴图时能更合理地利用像素资源。根据游戏场景制作的规范流程，在编排好每一部分的 UVW 之后，直接顺着导出 UVW 到 Photoshop CS5 中进行材质贴图的绘制，初步实现场景大致的纹理效果，在后期的效果调节时，应结合高端游戏的工艺制作流程来为整个场景添彩。

1）首先从主体墙壁开始，将各个部分的面进行 UVW 合理编排。墙体的 UVW 编排可以考虑在横向上做无限延伸，利用 2 方连续的纹理错位，更好地区别每个墙面的材质变化。编辑好的墙体的 UVW 分布如图 6-47 所示。

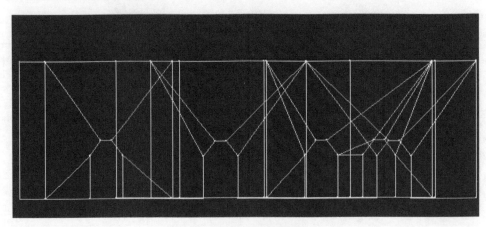

图 6-47　墙体的 UVW 分布

2）对编辑好的 UVW 进行导出。在游戏开发中，对导出的材质纹理的图片格式及尺寸大小都有一定要求，这要结合游戏其他部门的实际需求来进行调整。在此，采用的是 TGA 文件格式。材质纹理的大小为"512×512"像素。整个墙体部分结合陵墓整个场景项目的需要合理安排贴图纹理的数量。导出方法为：在"编辑 UVW"面板中选择"工具|渲染 UVW 模板"命令，在弹出的"渲染 UVs"面板中按如图 6-48 所示进行设置，单击"渲染 UVW 模板"按钮，渲染后的效果如图 6-49 所示。

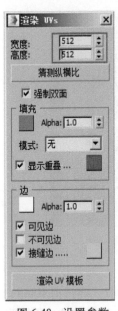

图 6-48　设置参数

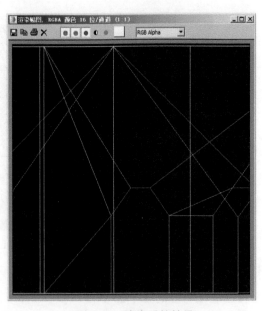

图 6-49　渲染后的效果

3）将编辑好的 UVW 导出到项目规定的路径中，并按照项目规范材质命名方式设置好纹理贴图名称，如图 6-50 所示。

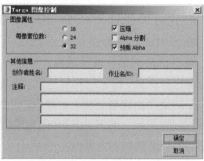

图 6-50　将编辑好的 UVW 导出到项目规定的路径中

4）同制作墙体材质的流程一样，对地面的 UVW 进行合理的编辑。地面部分要充分利用游戏制作中无限重复利用贴图的方式，按照 2 方连续的纹理组织结构模式，制作一块基础纹理材质，并通过 UVW 编排来调节纹理。

地面的 UVW 纹理相对比较简单，UVW 展开效果如图 6-51 所示。然后，按照前面的导出流程导出文件到项目路径，并设置材质纹理的大小为"512×512"像素，UVW 纹理的名称为"s_mission001_fusheng_wall.tga"。

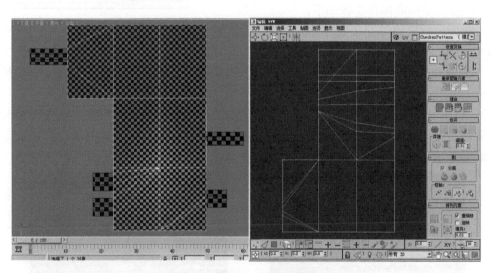

图 6-51　地面 UVW 展开效果

6.4　绘制贴图

因为模型比较简单，基本上都是由长方体组成的，所以在制作贴图时不必太担心贴图和模型的配合问题，等贴图完成后把贴图添加到模型上，再根据贴图简单调节贴图的 UVW 坐标就可以了。这样调节起来更直观，更能提高工作效率。

6.4.1 提取 UV 结构线

提取 UV 结构线的步骤如下：

1）启动 Photoshop CS5 软件，选择"文件 | 打开"命令，打开从 3ds max 2016 导出的网盘中的"MAX 文件 \ 第 6 章 \ 贴图 \s_mission001_fusheng_wall.tga"UV 结构线。

2）运用 Photoshop CS5 的编辑工具对线框进行处理。方法：选择"选择 | 色彩范围"命令，然后在弹出的"色彩范围"对话框中利用 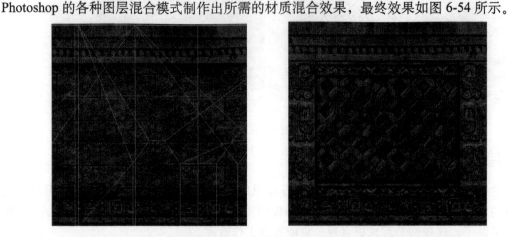（吸管）工具在图中的黑色部分单击，从而将白色线框以外的部分进行选取，如图 6-52 所示。接着单击"确定"按钮后，按〈Ctrl+Shift+I〉组合键进行反选，得到结构线选区。再单击图层面板下方的 ▫（创建新图层）按钮，创建图层（因为需要的是提出线框结构），并用白色对线框进行填充。最后回到背景层，将其全部填充为黑色，这样就把墙体部分的 UV 结构线和背景部分分离出来了。

3）选择"文件 | 另存为"命令，将文件另存为"s_cby_section001_fusheng_wall001.psd"，并设定图像的高度为"512"像素，宽度为"512"像素，分辨率为"72"像素 / 英寸。

提示：将文件存为 PSD 格式，可以更好地保留图层的信息。

图 6-52　选取白色线框以外的部分

6.4.2 绘制墙面贴图

绘制墙面贴图的操作步骤如下：

1）打开网盘中的"MAX 文件 \ 第 6 章 \ 贴图 \room_sr .jpg"文件，然后选择工具箱中的 ⊕（移动工具），在按住〈Shift〉键的同时，拖动"room_sr.jpg"到新建的"s_cby_section001_fusheng_wall001.psd"文件中，这样就完成了材质的底层编辑，效果如图 6-53 所示。

2）利用 Photoshop 的各种编辑工具对导入的材质进行色调、明暗、纹理等细节的调整，从而表现出地下陵墓那种比较破旧、深沉、有很强装饰性的纹理材质。然后充分利用 Photoshop 的各种图层混合模式制作出所需的材质混合效果，最终效果如图 6-54 所示。

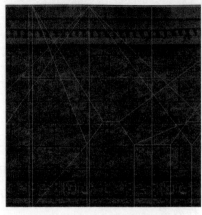

图 6-53　材质的底层编辑效果

图 6-54　墙面贴图最终效果

3）将文件保存为"s_cby_section001_fusheng_wall001.tga"。

4）打开前面创建好的 3ds max 场景文件，从项目纹理路径找到在 Photoshop 中绘制的材质纹理，然后指定给编辑好 UVW 的场景的墙体部分，接着从各个角度整体上观察墙壁的环境效果，如图 6-55 和图 6-56 所示。

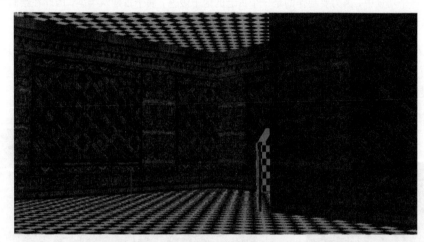

图 6-55　从各个角度整体上观察墙壁的环境效果 1

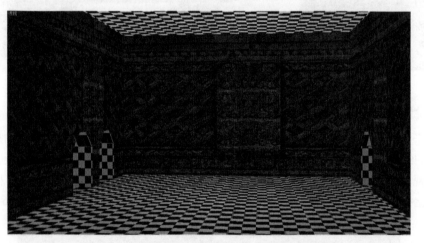

图 6-56　从各个角度整体上观察墙壁的环境效果 2

6.4.3　绘制地面贴图

接下来按照同样的绘制贴图的流程，在 Photoshop CS5 中打开从 3ds max 2016 中导出的贴图 UV 坐标。

1）启动 Photoshop CS5 软件，选择"文件 | 打开"命令，打开从 3ds max 2016 导出的网盘中的"MAX 文件 \ 第 4 章 \ 贴图 \s_mission_fusheng_floor01.tga"UV 结构线，然后进行 UV 线框的提取，建立基础的层纹理模式。选择"文件 | 另存为"命令，将文件保存为"s_cby_section001_fusheng_floor001.psd"。

2）打开网盘中的"MAX 文件 \ 第 6 章 \ 贴图 \room_floor .jpg"文件。然后选择工具箱

中的 （移动工具），在按住〈Shift〉键的同时，将其拖入"s_cby_section001_fusheng_floor001.psd"中，接着运用 Photoshop 的编辑工具进行材质纹理的细节调整，效果如图 6-57 所示。

> 提示：在这个场景中，因为要制作的是一个古老的地下陵墓，属于古建筑类型，因此在绘制材质纹理时，选择的是比较破旧的地砖材质。

3）进入 3ds max 2016，打开正在编辑的游戏场景。找到绘制的地面纹理贴图，指定给场景的地面。然后，结合墙面的材质变化调整整体材质纹理的结构，保持材质的整体性和统一性，效果如图 6-58 所示。

图 6-57　地面贴图最终效果

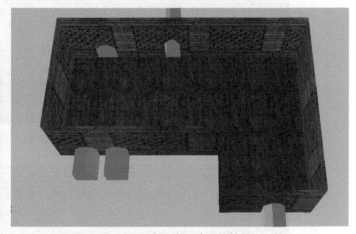

图 6-58　赋予地面贴图的效果

6.4.4　绘制顶面贴图

接下来承接前面的制作流程开始对场景顶部的材质进行编辑。这里需要注意的是，顶部和地面模型的结构基本一致，从整个地下陵墓结构来看，这一部分结构不是非常复杂，而且从游戏的角色视角上看也不需要很复杂的结构，因此在表达材质时尽量采用大块面的材质纹理，以便更简化统一。具体的制作过程请参看网盘中视频的演示过程，最终效果如图 6-59 所示。

图 6-59　赋予顶部贴图的效果

6.4.5 绘制其他部分的贴图

至此，就基本完成了复生部分主体建筑的初步材质效果，下面就按照同样的制作流程，开始制作连接主体以外几个部分的材质。需要特别注意的是，这几个部分在模型结构上有其公用性，而且还和其他几个部分互相关联，因此在制作时要充分考虑整个场景的氛围及材质的可重复使用。

在游戏场景制作开发中，对公用贴图的合理利用，需要在 UVW 部分就开始做好规划，把出现类似贴图部分的 UVW 组合在一起，从而尽量减少贴图的数量。

1）下面按照前面的制作流程，将门、通道部分的侧面和通道地面分为 3 个部分，分别成组，然后导出各自的 UVW 结构纹理，再分别赋予不同的材质纹理。具体的演示制作过程见网盘的说明。

2）门的 UVW 编辑调整的最终效果如图 6-60 所示。通道墙壁和顶部的 UVW 编辑调整的最终效果如图 6-61 所示。通道地面的 UVW 编辑调整的最终效果如图 6-62 所示。

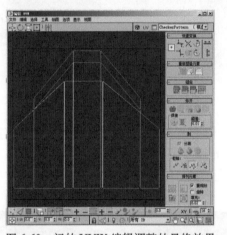

图 6-60 门的 UVW 编辑调整的最终效果

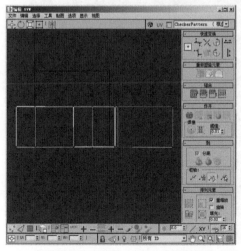

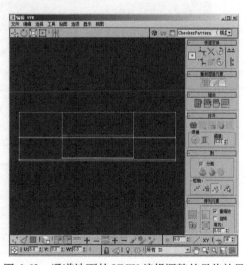

图 6-61 通道墙壁和顶部的 UVW 编辑调整的最终效果 图 6-62 通道地面的 UVW 编辑调整的最终效果

3）对这几个分解好的 UVW 部分的模型按照前面的流程进行材质纹理的编辑，这里主要对门及通道等的模型结构进行准确分析，然后选择合适的纹理贴图。整体的纹理贴图要根据模型的结构进行调整，以便更好地体现建筑物的形体。同时，要参照地下陵墓的整体环境氛围来调节材质细节，特别要注意处理好材质之间的衔接。这部分的具体制作请参照网盘中视频提供的过程演示，最终效果如图 6-63 所示。

图 6-63　赋予通道材质的效果

4）可以从各个角度对整个场景的材质效果进行观察。为了更好地把握项目的整体材质效果，可以设置一盏点光源从不同的角度来照亮整个环境，仔细检查前面制作的材质的细节变化，特别要注意每个不同部分交接部位的材质变化，如图 6-64 ～图 6-66 所示。

图 6-64　从各个角度对整个场景的材质效果进行观察 1

图 6-65　从各个角度对整个场景的材质效果进行观察 2

图 6-66　从各个角度对整个场景的材质效果进行观察 3

　　至此，地下陵墓中复生部分的整体材质制作完毕。从各个角度观察，整体的环境氛围也基本出来了，墙面与地面及顶部等的材质基本形成一致。

6.5　调整模型与贴图

　　1）制作完成整个场景的材质纹理贴图后，仔细对编辑完成的场景进行观察和分析，会发现在很多部位的细节处理上需要进一步进行纹理的调整。特别是要对每一部分的 UVW 进行细节的对位，以便更好地使贴图纹理和模型结构匹配，在拐角部位更要仔细地进行 UVW 的调节。同时可以进入 Photoshop CS5 中进行纹理和色调的细节协调。图 6-67 所示为场景墙体部分在调节前后的效果比较。

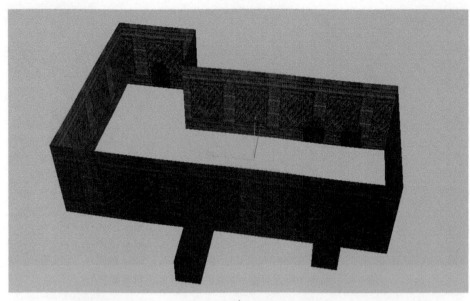

a)

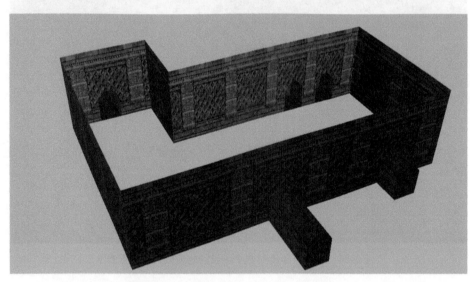

b)

图 6-67 场景墙体部分在调节前后的效果比较

a）调节前 b）调节后

2）地面的材质纹理也要在原来的基础上进行 UVW 的调整，因为地面纹理结构的纹理模式采用的是 4 方连续的组织模式，所以需要根据游戏玩家的视角进行重复度调节，这样就能更好地增加材质的深度。调整的效果如图 6-68 所示。

3）对门及通道也进行 UVW 结构的合理调节。要特别注意调节好各个转折面部位材质的衔接，制作人员可以把握整体风格，根据自己的理解，灵活表达一些自己的灵感创意，实际的最后调节参照效果如图 6-69 所示。

提示：此部分调节最终效果一定要结合整个地下陵墓的整体氛围进行材质的调节。在游戏项目开发中，
　　　后期的整理及校色，到最终输出再到游戏引擎，还需要很多的规范测试。

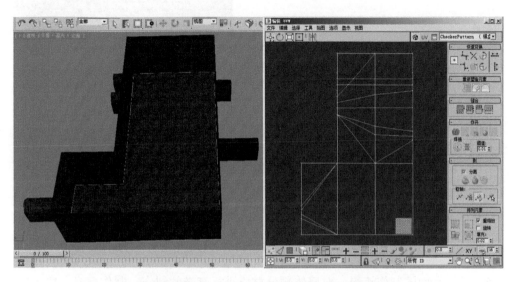

图 6-68　对地面的材质纹理 UVW 进行调整

图 6-69　调节参照效果

至此，这一阶段材质纹理效果制作就全部完成了。

4）最后根据整体游戏项目的要求，按照次时代的制作标准，还需要制作法线、高光贴图，
在此部分主要运用 Photoshop 的法线生成插件对各个部分的材质进行法线的纹理转换。在这里
首先利用法线插件对墙体部分进行法线设置，参数设置如图 6-70 所示。观察生成的墙体的

法线效果与材质纹理之间的变化，如图 6-71 所示。

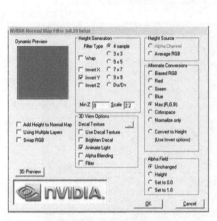

图 6-70　进行法线设置

图 6-71　观察效果与变化

5）承接上面的制作流程，对墙体部分材质进行高光的制作。制作高光主要是根据各个不同的材质属性进行亮度的调节，效果如图 6-72 所示。

图 6-72　制作墙体部分材质的高光效果

6）根据前面的制作流程完成其他几个部分的法线和高光贴图，此部分的过程就不做细节分析了。

7）将文件进行渲染，并进行后期处理，最终效果如图 6-73 所示。

8）将这些绘制好的贴图指定给已制作的场景文件，最后按照项目的规范要求进行打包导出，放置到游戏的整体项目中。

图 6-73　游戏室内场景最终效果

6.6　课后练习

　　运用本章所学的知识制作一个游戏内部地下城的监狱，完成后的效果如图 6-74 所示。参数可参考网盘中的"课后练习\第 6 章\jianyu.max"文件。

图 6-74　课后练习效果图

3ds max + Photoshop

第7章 游戏室内场景制作2——洞穴

本章将介绍制作一个游戏项目的室内场景——洞穴。图 7-1 所示为该场景不同角度的渲染效果图。学习本章应掌握游戏中制作洞穴场景的方法。

图 7-1 游戏室内场景制作 2——洞穴的效果图

现在就开始运用一个标准的项目需求文档进入生产流程的制作讲解。

《洞穴》——描述文档

副本名称：洞穴。

副本用途：怪物 BOSS 居住的场所。

副本简介：这个洞穴是古代统治者用于关押犯人的场所。洞穴里面阴森恐怖。

副本任务：进入副本寻找并战胜一个怪物 BOSS，然后获得其身上掉落的物品来完成任务。

副本区域：洞穴的通道和中心区域。

副本内部细节：里面摆放着晶莹剔透的水晶矿石、木桶、木箱和放置给养的宝箱。

接下来就开始进入正式的制作流程环节。

7.1　制作主体模型

主体模型的制作包括隧道的制作和装饰物的制作两部分。

7.1.1　制作隧道

隧道制作的步骤如下：

1）进行单位设置。方法与"6.1 进行单位设置"相同，这里不再赘述。

2）打开 3ds max 2016 软件，单击 ✦（创建）面板下 ○（几何体）中的"圆柱体"按钮，然后在透视图中单击，在水平方向拖动来定义圆柱体的周长，接着在垂直方向拖动来定义圆柱体的高度，并单击结束创建。最后进入 ☑（修改）面板，设置模型的"半径"为 20cm，"高度"为 100cm，"高度分段"为 4，"端面分段"为 1，"边数"为 8，如图 7-2 所示。

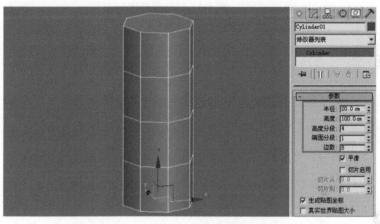

图 7-2　创建圆柱体

3）将圆柱体转换为可编辑多边形物体，然后进入 ☑（修改）面板的可编辑多边形的 ■（多边形）层级，选择圆柱体的顶部和底部的多边形，按〈Delete〉键将其删除，如图 7-3 所示。

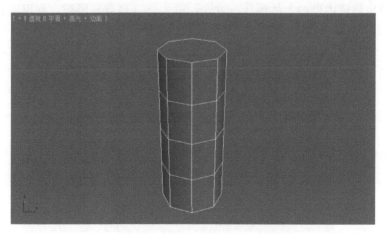

图 7-3　转换为可编辑多边形物体

4）利用工具栏中的 （选择并旋转）工具将圆柱体沿 X 轴旋转 90°，如图 7-4 所示。

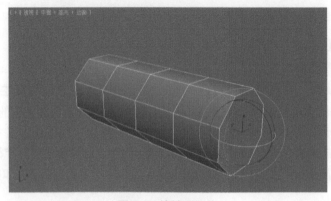

图 7-4　旋转圆柱体

5）翻转法线，从而制作出隧道的内壁效果。方法：进入 （修改）面板的可编辑多边形的 （多边形）层级，然后在视图中选择圆柱体所有的多边形，单击"编辑多边形"卷展栏下的"翻转"按钮，如图 7-5 中 A 所示，效果如图 7-5 中 B 所示。

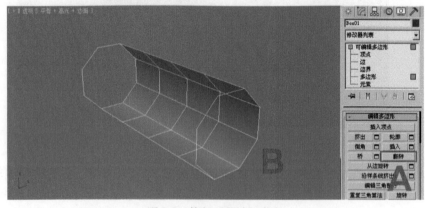

图 7-5　执行"翻转"命令

6）调整出隧道内壁的大体形状。方法：进入 （顶点）层级，利用工具栏中的 （选择并移动）工具在前视图中调整顶点位置，效果如图 7-6 所示。

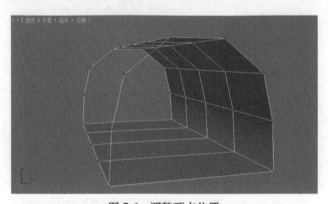

图 7-6　调整顶点位置

7）进入顶视图，继续调整顶点的位置，从而制作出隧道的弯曲效果，如图7-7所示。

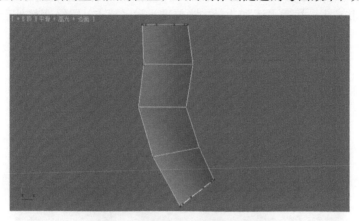

图7-7　调整顶点使隧道产生弯曲

8）延长隧道。方法：进入 ⟨ （边界）层级，选择图7-8所示的边界，然后按住〈Shift〉键拖动鼠标，从而拉出若干段，增加隧道段数效果如图7-9所示。

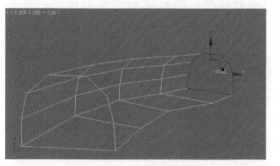

图7-8　选择边界

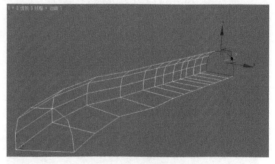

图7-9　增加隧道段数

9）进入 （顶点）层级，在顶视图中利用 （选择并移动）工具调整新生成的顶点，从而制作出延长隧道的弯曲，效果如图7-10所示。

10）同理，继续将隧道拉长，并调整隧道的外形，效果如图7-11所示。

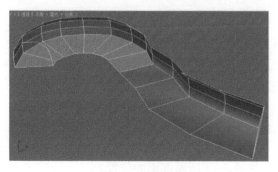

图7-10　调整隧道形状

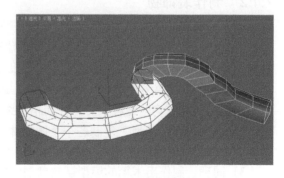

图7-11　继续将隧道拉长

11）制作出隧道的中央大厅。方法：将最前面的一段拉出，然后利用 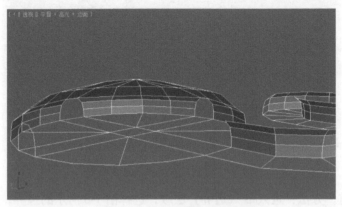（选择并均匀缩放）工具将其放大，并适当添加边数，接着进入 （顶点）层级调整外形，效果如图 7-12 所示。

图 7-12　制作隧道的中央大厅

12）进入 （边界）层级，选择图 7-13 所示的边界，然后分别将它们拉出，效果如图 7-14 所示。

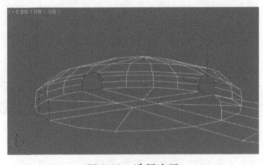

图 7-13　选择边界

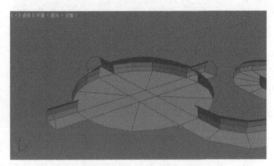

图 7-14　拉出边界

至此，隧道的主体模型就完成了。

7.1.2　制作装饰物

制作装饰物的步骤如下：

1）制作木桶外形。方法：单击 （创建）面板下 （几何体）中的"圆柱体"按钮，在视图中创建一个圆柱体，并设置其"高度分段""端面分段"和"边数"分别为3、1 和 8，然后将其转换为可编辑多边形物体。接着进入 （顶点）层级，选择上下两圈顶点，再利用 （选择并均匀缩放）工具将其稍微缩小，从而做成木桶的外形，效果如图 7-15 所示。

2）进入顶视图模型，复制若干个圆柱体，然后利用 （选择并移动）工具将它们摆放到图 7-16 所示圆圈的位置。然后根据需要，利用工具栏中的 （选择并旋转）工具进行适当调整。

3）同理，制作出木箱的模型摆放到洞穴中，如图 7-17 所示圆圈的位置。

4）创建长方体，制作出宝箱的模型，然后摆放到洞穴中，如图 7-18 所示圆圈的位置。

图 7-15 创建木桶模型

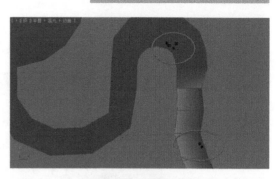

图 7-16 复制木桶

图 7-17 创建木箱模型

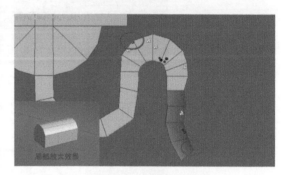

图 7-18 创建宝箱模型

5）制作水晶矿石。方法：单击 ✱ （创建）面板下 ⭕ （几何体）中的"长方体"按钮，然后在视图中创建一个长方体，并设置其"长度分段""宽度分段"和"高度分段"分别为1、1 和 2。接着将其转换为可编辑多边形物体。最后为了节省资源，进入 ◼ （多边形）层级，选择并删除底部的多边形，如图 7-19 所示。

6）制作出水晶矿石的尖端效果。方法：进入可编辑多边形的 ⦙⦙ （顶点）层级，选择顶端的 4 个顶点，再选择"塌陷"命令，从而制作出尖端效果。

7）选择水晶矿石中段的 4 个顶点，利用工具栏中的 ✢ （选择并移动）工具向上移动。然后利用 ↻ （选择并旋转）工具旋转整个水晶矿石模型，使其和隧道的地面产生一定角度，如图 7-20 所示。

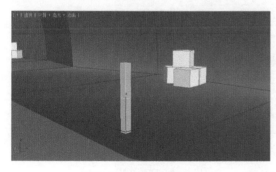

图 7-19 创建长方体

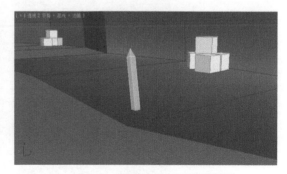

图 7-20 调整水晶矿石模型外形

8）制作出水晶矿石交错分布的效果。方法：复制多个水晶矿石模型，并利用工具栏中的 ⊹ (选择并移动)工具和 ↻ (选择并旋转)工具调整各个模型的大小和角度，效果如图 7-21 所示。

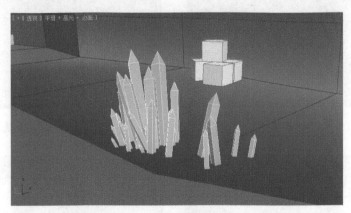

图 7-21　复制水晶矿石模型并调整大小和角度

9）继续复制水晶矿石模型并摆放到如图 7-22 所示的位置。

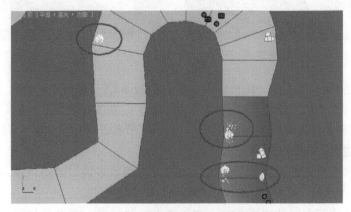

图 7-22　进一步复制水晶矿石模型并摆放

10）同理，逐步添加其他场景装饰物，完成后的效果如图 7-23 和图 7-24 所示。

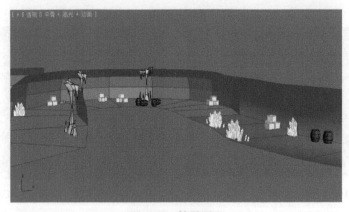

图 7-23　效果图 1

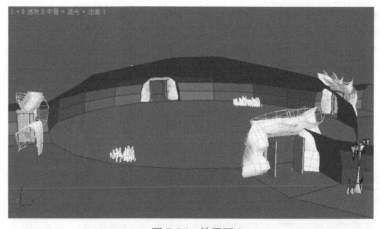

图 7-24 效果图 2

11）制作中心大厅的中心区域。方法：创建一个柱体放置到图 7-25 所示的位置。然后将其转换为可编辑多边形，接着进入■（多边形）层级，选择并删除底部的多边形。

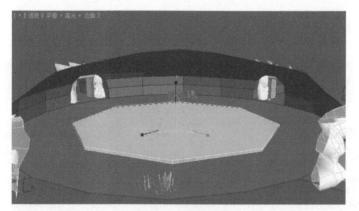

图 7-25 创建柱体

12）选择"切割"命令，在柱体的顶部添加边，然后选取添加的边，选择"连接"命令，再添加两圈边，效果如图 7-26 所示。

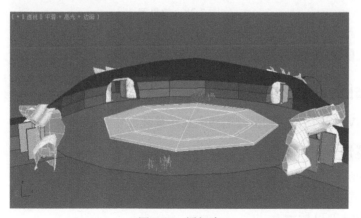

图 7-26 添加边

3ds max + Photoshop

13）进入 ■（多边形）层级，选择图7-27所示的多边形，然后利用 ✛（选择并移动）工具将其稍微向下移动。

图7-27　调整多边形

14）在柱体上添加各种装饰物，效果如图7-28所示。

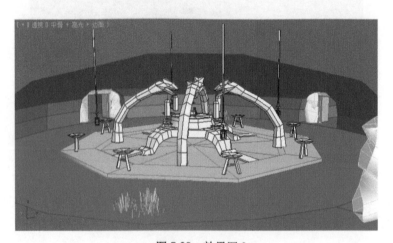

图7-28　效果图3

至此，洞穴模型部分就全部完成了。

7.2　调整贴图UVW坐标

调整贴图UVW坐标包括调整隧道和调整场景装饰物两部分。

7.2.1　调整隧道

调整隧道的步骤如下：

1）选择隧道模型并右击，从弹出的快捷菜单中选择"孤立当前选择"命令，将其他部分隐藏起来，如图7-29所示。

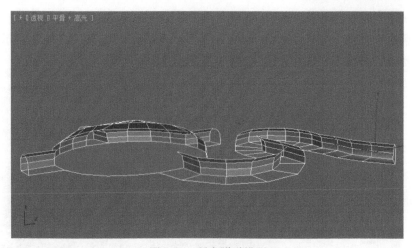

图 7-29 孤立隧道模型

2）进入模型的■（多边形）层级，选择隧道的地面部分，设置其材质 ID 号为"1"，其他部分为"2"，如图 7-30 和图 7-31 所示。

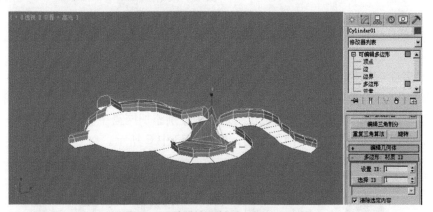

图 7-30 设置地面材质 ID 号为"1"

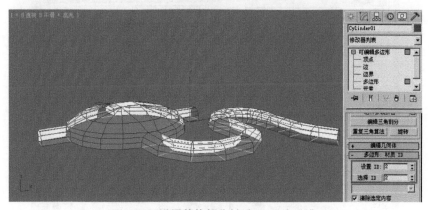

图 7-31 设置其他部分材质 ID 号为"2"

3）按〈M〉键，进入材质编辑器。然后选择一个空白的材质球，如图 7-32 中 A 所示，单击"Standard"按钮，如图 7-32 中 B 所示。接着在弹出的"材质／贴图浏览器"对话框中选择"多维/子对象"选项，如图 7-32 中 C 所示，单击"确定"按钮。最后在弹出的"替换材质"对话框中选择"将旧材质保存为子材质"单选按钮，如图 7-32 中 D 所示，单击"确定"按钮，进入"多维/子对象"材质的参数设置面板。

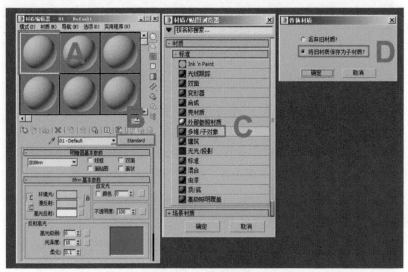

图 7-32　材质编辑器

4）在"多维/子对象"材质的参数设置面板中单击"设置数量"按钮，如图 7-33 中 A 所示，然后在弹出的"设置材质数量"对话框中设置"材质数量"为 2，如图 7-33 中 B 所示，单击"确定"按钮。接着分别选择两个材质通道，在漫反射通道中分别添加网盘中的"MAX 文件\第 7 章\贴图\dimian.tga"和"dongbi.tga"两张贴图，如图 7-33 中 C 所示。

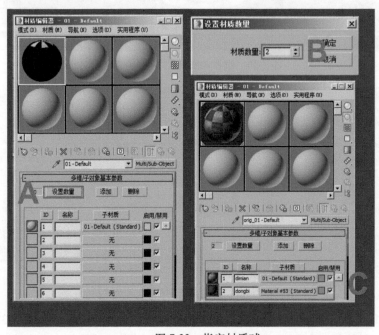

图 7-33　指定材质球

5）选择视图中的洞穴模型，单击材质编辑器工具栏中的 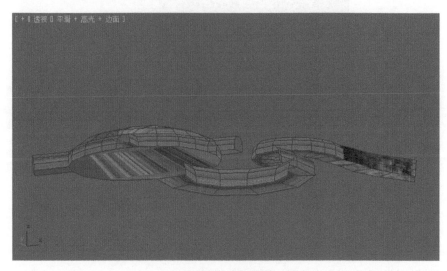（将材质指定给选定对象）按钮，将材质赋予洞穴模型。然后单击材质编辑器工具栏中的 ▨（在视口图中显示标准贴图），在视图中显示出材质效果，此时会发现显示的贴图是不正确的，如图7-34所示。下面需要调整模型的贴图坐标。

图7-34　显示贴图

6）调整贴图坐标。方法：进入 （修改）面板，选择修改器下拉列表中的"UVW展开"命令，将其添加到修改器堆栈中。然后单击"打开UV编辑器"按钮，如图7-35所示。

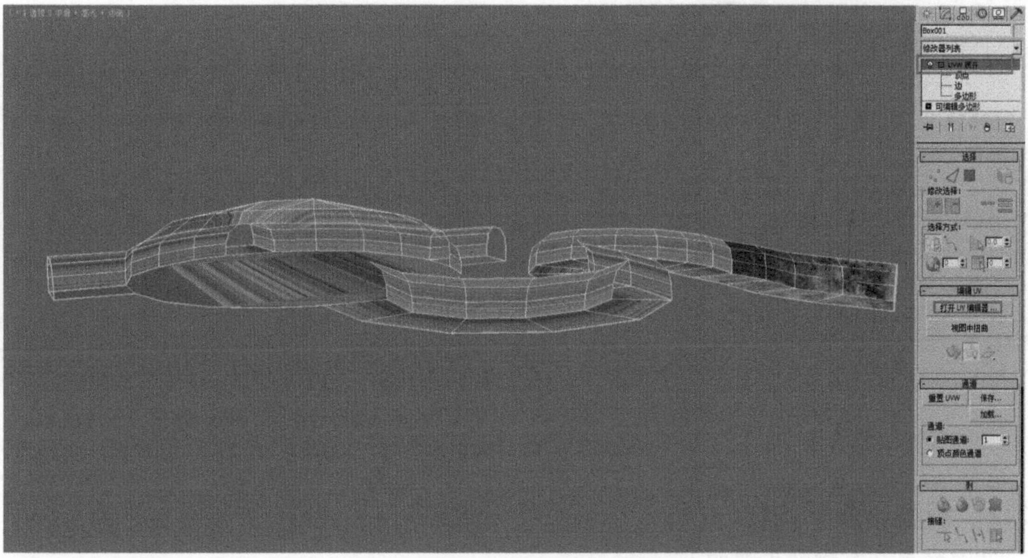

图7-35　添加"UVW展开"修改器

7）在弹出的"编辑UVW"对话框中，选择ID号为"1"，然后调整UVW坐标，完成后的效果如图7-36所示。

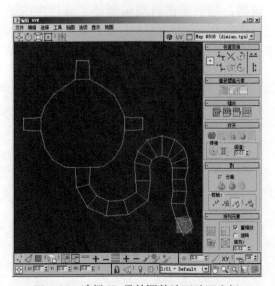

图 7-36　选择 ID 号并调整地面贴图坐标

8）同理，选择 ID 号"2"，调整洞壁贴图的坐标，如图 7-37 所示。

9）调整贴图坐标后的隧道模型如图 7-38 所示。

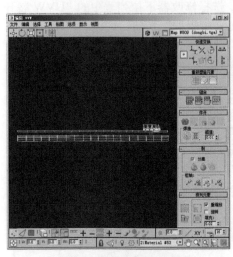

图 7-37　调整洞壁贴图坐标

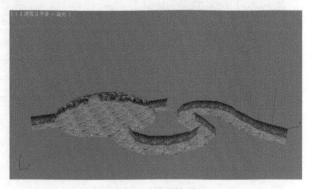

图 7-38　隧道效果图

7.2.2　调整场景装饰物

调整场景装饰物的步骤如下：

1）右击视图中的模型，然后从弹出的快捷菜单中选择"结束隔离"命令，退出孤立模式。接着选择场景中的木桶模型并右击，从弹出的快捷菜单中选择"孤立当前选择"命令，将其他部分隐藏，如图 7-39 所示。

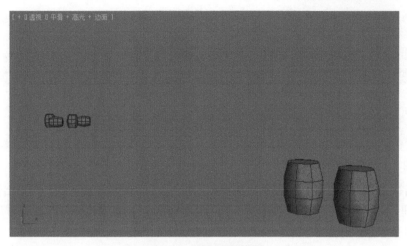

图7-39 孤立木桶模型

2）按〈M〉键，进入材质编辑器。然后选择一个空白的材质球，单击"漫反射"贴图通道右边的按钮，如图7-40中A所示，在弹出的"材质/贴图浏览器"对话框中选择"位图"，如图7-40中B所示，单击"确定"按钮。最后在弹出的"选择位图图像文件"对话框中选择网盘中的"MAX文件\第7章\贴图\mutong.tga"文件，单击"确定"按钮，从而将其添加到"漫反射"的贴图通道。

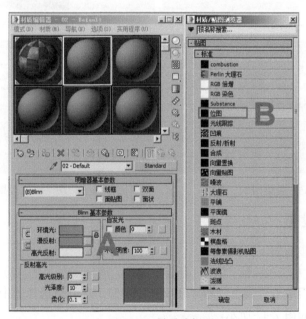

图7-40 材质编辑器

3）单击材质编辑器的工具栏中的 █ （将材质指定给选定对象）按钮，将材质赋予模型，再单击材质编辑器的工具栏中的 █ （在视口中显示标准贴图），在视图中显示出贴图效果，效果如图7-41所示。

4）调整木桶模型的UV坐标，方法和调整隧道的方法类似，效果如图7-42所示。

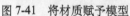

图 7-41　将材质赋予模型

图 7-42　调整 UV 坐标

5）右击视图中的木桶模型，从弹出的快捷菜单中选择"结束隔离"命令，退出孤立模式。

6）同理，依次指定贴图并调整 UV 坐标，将场景中的小物件都赋予材质，效果如图 7-43 ～图 7-46 所示。

图 7-43　效果图 1

图 7-44　效果图 2

图 7-45　效果图 3

图 7-46　效果图 4

7.3　场景灯光设置

设置场景灯光的步骤如下：

1）设置环境光。方法：选择"渲染 | 环境"命令，或按键盘上的〈8〉数字键，弹出"环境和效果"面板。然后单击"染色"和"环境光"按钮，在颜色选择器中选择适当的颜色后单击"确定"按钮，如图 7-47 所示。

2）创建泛光灯。方法：单击 ※（创建）面板下 ◢（灯光）中的"泛光"按钮，然后在透视图中单击，从而创建出一盏泛光灯，如图 7-48 所示。

3）在视图中选择创建的泛光灯，进入 ◪（修改）面板设置其参数，如图 7-49 所示。其他设置都为默认选项。

4）复制若干个泛光灯，并摆放到图 7-50 所示的位置。

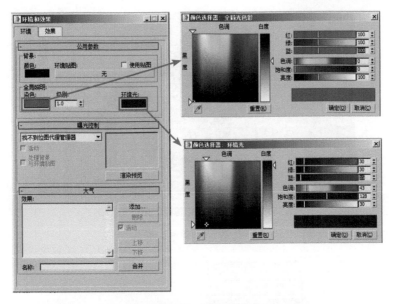

图 7-47 设置环境光

图 7-48 创建泛光灯

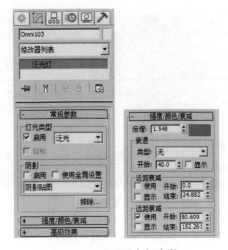

图 7-49 设置泛光灯参数

图 7-50　复制泛光灯

5）创建另外一个泛光灯，并设置参数如图 7-51 所示。

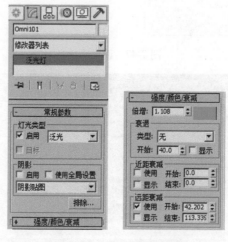

图 7-51　设置泛光灯参数

6）复制 3 个泛光灯，然后摆放到图 7-52 所示的位置。

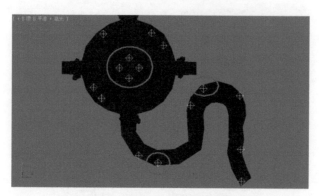

图 7-52　摆放复制后的泛光灯

7）在视图中调整适当的角度，然后单击工具栏中的 🫖 （渲染产品）按钮，或按〈F9〉键，进行渲染，效果如图 7-53 ～图 7-55 所示。

图 7-53　渲染图 1

图 7-54　渲染图 2

图 7-55　渲染图 3

7.4 课后练习

　　运用本章所学的知识制作图 7-56 所示的洞穴效果。参数可参考网盘中的"课后练习\第7章\操作题 .max"文件。

图 7-56　课后练习效果图